图书在版编目(CIP)数据

数学与教育 / 丁石孙,张祖贵著. --大连 : 大连理工大学出版社,2023.1

(数学科学文化理念传播丛书. 第二辑)

ISBN 978-7-5685-4023-0

Ⅰ. ①数… Ⅱ. ①丁… ②张… Ⅲ. ①数学－关系－教育 Ⅳ. ①O1-05

中国版本图书馆 CIP 数据核字(2022)第 238618 号

数学与教育

SHUXUE YU JIAOYU

大连理工大学出版社出版

地址:大连市软件园路 80 号　邮政编码:116023

发行:0411-84708842　传真:0411-84701466　邮购:0411-84708943

E-mail:dutp@dutp.cn　URL:https://www.dutp.cn

辽宁新华印务有限公司印刷　　　　大连理工大学出版社发行

幅面尺寸:185mm×260mm　　　印张:11　　　字数:176 千字

2023 年 1 月第 1 版　　　　　　　2023 年 1 月第 1 次印刷

责任编辑:王　伟　　　　　　　　　　责任校对:李宏艳

封面设计:冀贵收

ISBN 978-7-5685-4023-0　　　　　　　定价:69.00 元

数学与教育

丁石孙 张祖贵 ◎ 著

MATHEMATICS AND EDUCATION

SCIENCE & HUMANITIES

01

数学科学文化理念传播丛书（第二辑）

123

大连理工大学出版社
Dalian University of Technology Press

SCIENCE
&
HUMANITIES

数学科学文化理念传播丛书·第二辑

编写委员会

丛书主编 丁石孙

委　员（按姓氏笔画排序）

王　前　　史树中　　刘新彦

齐民友　　汪　浩　　张祖贵

张景中　　张楚廷　　孟实华

胡作玄　　徐利治

写在前面①

一

20世纪80年代,钱学森同志曾在一封信中提出了一个观点.他认为数学应该与自然科学和社会科学并列,他建议称为数学科学.当然,这里问题并不在于是用"数学"还是用"数学科学".他认为在人类的整个知识系统中,数学不应该被看成自然科学的一个分支,而应提高到与自然科学和社会科学同等重要的地位.

我基本上同意钱学森同志的这个意见.数学不仅在自然科学的各个分支中有用,而且在社会科学的很多分支中有用.随着科学的飞速发展,不仅数学的应用范围日益广泛,同时数学在有些学科中的作用也愈来愈深刻.事实上,数学的重要性不只在于它与科学的各个分支有着广泛而密切的联系,而且数学自身的发展水平也在影响着人们的思维方式,影响着人文科学的进步.总之,数学作为一门科学有其特殊的重要性.为了使更多人能认识到这一点,我们决定编辑出版"数学·我们·数学"这套小丛书.与数学有联系的学科非常多,有些是传统的,即那些长期以来被人们公认与数学分不开的学科,如力学、物理学以及天文学等.化学虽然在历史上用数学不多,不过它离不开数学是大家都看到的.对这些学科,我们的丛书不打算多讲,我们选择的题目较多的是那些与数学的关系虽然密切,但又不大被大家注意的学科,或者是那些直到近些年才与数学发生较为密切关系的学科.我们这套丛书并不想写成学术性的专著,而是力图让更大范

---

① "一"为丁石孙先生于1989年4月为"数学·我们·数学"丛书出版所写,此处略有改动;"二"为丁石孙先生2008年为"数学科学文化理念传播丛书"第二辑出版而写.

围的读者能够读懂,并且能够从中得到新的启发.换句话说,我们希望每本书的论述是通俗的,但思想又是深刻的.这是我们的目的.

我们清楚地知道,我们追求的目标不容易达到.应该承认,我们很难做到每一本书都写得很好,更难保证书中的每个论点都是正确的.不过,我们在努力.我们恳切希望广大读者在读过我们的书后能给我们提出批评意见,甚至就某些问题展开辩论.我们相信,通过讨论与辩论,问题会变得愈来愈清楚,认识也会愈来愈明确.

二

大连理工大学出版社的同志看了"数学·我们·数学",认为这套丛书的立意与该社目前正在策划的"数学科学文化理念传播丛书"的主旨非常吻合,因此出版社在征得每位作者的同意之后,表示打算重新出版这套丛书.作者经过慎重考虑,决定除去原版中个别的部分在出版前要做文字上的修饰,并对诸如文中提到的相关人物的生卒年月等信息做必要的更新之外,其他基本保持不动.

在我们正准备重新出版的时候,我们悲痛地发现我们的合作者之一史树中同志因病于上月离开了我们.为了纪念史树中同志,我们建议在丛书中仍然保留他所做的工作.

最后,请允许我代表丛书的全体作者向大连理工大学出版社表示由衷的感谢!

丁石孙

2008 年 6 月

说　明

　　本书从出版到现在已过去了 7 年.实际上,在 1987 年就开始动笔,那是 9 年前的事.我们不能说在这段时间中我们有多大的长进,但是思想有些变化是事实.因之在这 7 年中,我们不断产生想修改原书的想法.今年出版社考虑到读者的需要,决定再版,这就给了我们一个机会.再回过来看一下自己写的东西,也许是时间久了,现在的思想已跳出原来的框框,发现了不少问题,有些是错的,有些是不确切的,有些至少是不妥当的.我和张祖贵同志进行了讨论,凡是我们现在认识到的,都做了修改.总之,我们力图改正错误.年轻时曾背过陶渊明的"归去来辞",其中有一句话,我是经常想到且引以为训的,即"觉今是而昨非".这次对本书所做的修改,使我更认识到这句话的含义.这也许就叫实事求是吧.

丁石孙

1996 年 5 月

目　录

一　数学与教育——追溯历史

不管用什么样的观点来分析数学的起源,我们都不能不承认这样的事实:数学一旦产生后,就以各种方式成为人类教育的一个组成部分.因此,数学与教育的关系,无论是对于数学发展,还是教育发展,都是一个重要的问题.

为了探索数学与教育的关系,我们认为应先回顾一下历史.剖析各个不同历史时期,不同文化形态、文明传统下的数学教育或者数学与教育的关系,对于所讨论的问题是有益的.下面的讨论将特别着重这样三个方面:(一)数学教育的内容;(二)人们对待数学以及数学教育的观点;(三)数学在整个文化教育中所起的作用,以及数学在教育中所占的地位.

1.1　古代东方的数学教育

我们不准备考虑原始社会教育中数学与教育的关系.因为在这种教育中,学校根本不存在.虽然原始教育是教育史的重要内容之一,但我们认为它与本书要讨论的内容关系不大.

我们认为,对于一种文化处于蒙昧状态、数学不发达的文明,讨论这种文明中数学与教育的关系也是没有什么价值的.因此,我们的讨论仅限于数学比较发达的文明.

据考古文献记载,学校这种教育机构约在第一个法老时代——公元前 3000 年前左右已经形成.古代的巴比伦、埃及、印度等国家都建立有学校.现在有可靠的证据表明,埃及的学校是人类最古老的学校[①].这些学校有不同类型,主要包括宫廷学校、职官学校、寺庙学校、文士学校等.

在古巴比伦,已经出现了较为发达的数学.古巴比伦人掌握了分数的运算,六十进位制,一、二次方程的解法和一些简单的求面积、体积的方法.

大约在公元前 2500 年,出现了专门训练土地测量和实物记载人员的学校.古巴比伦人的这类学校在公元前 1200 年左右达到鼎盛时期.一个明显的标志是,学校已经成为一个独立的社会单位,相应的出现了一些专门从事"纯粹的"数学教学的人.

古代东方,埃及的数学教育是最有特色的.可以说这是整个古代东方文化的典型.

尼罗河是人类文明的摇篮之一,她养育了古埃及的人民,孕育了古埃及文明.古埃及在公元前 3000 年产生了文字,在与尼罗河戚戚相关的生活中,随之产生了数学、天文学、医学等科学萌芽,与此同时也产生了学校.我们今天看到的最初关于学校的记载,就保存在埃及"古王国"史料中.

古埃及的数学教育主要是在寺庙学校——即大城市神庙中附设的僧侣学校,以及较为世俗化的文士学校中进行的.学校中的功课是抄录各种数学书籍和解答数学习题.最近一两个世纪考古学家发现的莱因特(Rhind)纸草书和莫斯科纸草书,据推测是那时学生们学习时的题目[②].可以认为,世界数学教育从公元前 2500 年的埃及僧侣学校中就开始了.

当时数学教育的主要内容有:象形记数方法;各种特殊的加、减、乘、除算术运算;计算三角形、四边形、圆形等面积(计算圆面积时取 $\pi=3.16$);计算正棱锥和截头棱锥等的体积;推算日历(年、季、月和昼夜),预测日、月食、观察天象等.

当时的数学教育主要为政教合一的古埃及王朝培养官吏和办事人员,因此数学教育完全以解决实用问题为目的,在学校进行的大量练习是为了积累实际计算的经验,所考虑的问题主要是关于金字塔、

---

① 曹孚等:《外国古代教育史》第 18 页,人民教育出版社,1981.

② The International Encyclopedia of Education, Vol. 6, p. 3236. Porgamon press,1985.

土地测量的,几何也是应用算术的主要内容.计算的规则大都是针对具体问题的.这种数学教育是古埃及文明高度发达的产物.

古埃及时期研究数学的动机,主要是出于实用的考虑,这几乎是古代数学的一大特征(古希腊除外).古埃及对待数学教育也同样如此.狄奥多①在论述古埃及僧侣学校讲授数学的观点时认为:"僧侣把算术和几何学传授给儿童;因为尼罗河的泛滥每年都要冲毁土地的界线,境界毗连的地主之间便时起纠纷,这些纠纷就是利用几何学来解决的."据史料记载,由于尼罗河每年泛滥一次,因此社会上测量土地的任务是十分繁重的,而土地对于当时古埃及的社会政治是异常重要的问题,这样以测量土地为主要目的的数学教育占据着整个教育的重要地位.

僧侣学校是当时古埃及的主要教学机构,僧侣们在寺庙里培养新的僧侣.课程除了宗教科目之外,就是传授算术、天文学、几何和医学.所以僧侣们在人类文明史的早期充当着科学的保存者和教师的角色.由于僧侣们从事数学教学,因而他们在数学与教育中起了双重作用,既是数学知识的传播者,同时他们又促进了数学的发展.

我们认为,僧侣学校在数学发展中的重要作用是使得数学的学习、数学的研究在某种程度上成为一种独立的、令人向往的事业,即学校的数学教育、数学学习成了脑力劳动与体力劳动分工的标志.因为从现存的古籍中我们发现,当时这类学校非常受重视,社会给予这类学校的师生以丰厚的待遇.这对于科学的发展、数学的发展是十分有利的.

脑力劳动、体力劳动的分离,刺激了人们研究学问的兴趣.对于这种状况,亚里士多德②,这位旷世奇才,有着比几乎任何人都深刻的理解.他认为,科学最先出现于人们开始有闲暇的地方,"之所以数学最先兴于埃及,就因为那里的僧侣阶级有闲暇③."历史的发展证明,只有形成知识分子阶层,出现一批与体力劳动者分离的脑力劳动者,人类知识的深化才有可能,数学、科学才能从生产技术中分离出来.虽然

---

① 狄奥多(Theodore,约前80—前20),古希腊历史学家.
② 亚里士多德(Aristotle,前384—前322),古希腊著名学者.
③ 亚里士多德:《形而上学》.

古埃及僧侣学校中所从事的数学与数学教育未能完全做到这一点,但已经有了雏形,为古希腊的数学及数学教育准备了积极的条件.

古埃及的数学教育对埃及文明发挥了巨大的影响和作用.首先,接受数学教育者在维持埃及的政局稳定方面起了一定的作用.埃及国王分配土地、纳税、补偿尼罗河洪水所造成的损失等都是依靠那些接受过数学教育的官吏来进行的.

古埃及的建筑堪称世界一大奇观,其中以举世闻名的金字塔为其卓越标志.今天的考古发现表明,在建筑金字塔的过程中大量地运用了数学.有些著名的考古学家和数学史家们指出,金字塔底边的长度几乎完全相等,每个角都非常接近 90°.在这样的工程中,受过数学教育的监工、工程设计者起了重要作用.据史料记载,古埃及有一个家族为培养建设金字塔的设计者,开办了长达数世纪的学校.

天文学是古埃及的一大成就,而古埃及的天文学家、占星术家无一例外都接受过在当时看来是良好的数学教育.计算历法、航海都需要数学,人们求助于僧侣为他们计算各种日期.僧侣们当然知道历法对于民众的重要性,因此他们就利用这种知识获得了统治无知民众、在王公身边谋生的权利.他们通过精确的数学计算,知道洪水到来的日期,但却佯称是他们举行了虔诚的宗教仪式而带来的,由此让民众、君主为他们的仪式支付报酬.因此,我们看到,古代的天文学、占星术其实都是与数学密切相连的.数学知识在当时是一种权利,因此数学教育得以维持,同时也促进了天文学、占星术的发展.今天数学史家们强调,我们不能因为今天占星术名声不佳而抹杀它在古代文明中的积极作用.从某种程度上来说,古代的许多数学教育是在占星术教育中实施的.在古代,预先知道播种的季节、节日的时间和祭祀的日子,是十分必要的.当然,在现代还倡导占星术等各种巫术来预测,就只能是一种落后的、反科学的逆流.

古埃及的数学还与其文明的诸方面密切相关.在古埃及的绘画、雕塑、建筑、宗教中到处可见数学的影响.古埃及人甚至认为数学对于阐述文明中的许多问题是非常重要的.这一点,我们可以从莱因特纸草书的书名中看出,该书的书名是《阐明对象中一切黑暗的、秘密的事物的指南》.因此,数学教育被当作是掌握自然界秘密的一种关键.作为当时数学教材的莱因特纸草书,其中的编排方式的确适用于数学教育.

可以毫不夸张地说,数学在古埃及教育中占据主要地位,而数学及数学教育的发达促进了古埃及文明.要追溯数学对现代文化的影响,我们应该把注意力首先集中于埃及[①].讨论数学与教育,也应该如此.古埃及的数学与教育作为与古希腊不同的方式,在历史上具有典型的意义.

1.2　古代中国的数学教育

在中国古代科技发展史上,数学占有重要的地位."天、算、农、医"四大学科,古代称为"算术"的数学居于其中.

中国古代数学,一般认为源于遥远的石器时代.根据典籍记载,从周代开始,在学校中开始有了数学教育.因此,中国古代数学教育与中国古代数学一样,也具有悠久的历史.

据《礼记·内则》记载,周朝于小学时期,就开始注重对儿童的数学教育:"六年教之数与方名;九年教之数日;十年出外就傅,居宿于外,学书计[②]."六岁学"数",指学从 1 至 10 的数目,"方名"指辨识东南西北等方向;九岁学数日,指学古代的干支记日法;十岁出外拜师学"书计","计"指计算能力.此外还有《白虎通》:"八岁入小学","八岁毁齿,始有认知,入学,学算计."

对儿童进行基本的数学教育,从周朝开始在我国各个历史时期都有记载,而且把这种数学教育作为启蒙教育的内容.《前汉书·食货志》:"八岁入小学,学六甲、五方、书记之事.""六甲"即六十甲子.三国时魏国王粲著《儒史论》[③]中记载:"古者八岁入小学,学六甲、五方、书记之事."《后汉书·杨终传》中有:"礼制:人君之子,年八岁为置少傅,教之书计,以开其明."北魏著名农学家贾思勰在《齐民要术》中引后汉桓帝时代崔寔《四民月令》记载:"正月农事未起,命成童以上入太学,学五经,师法求备,习读书传.砚冰释,命幼童入学,学书篇章'六甲、九

---

① M. Kline: Mathematics in Western Culture, p. 29. Penguin Book, 1953.
② 也有学者将此段标点为"九年教之数、日.十年出外就傅,居宿于外,学书、计."指称内容区别不大.
③ 王粲(177—217),《儒史论》见《太平御卷》卷六百三十.

九、急就、三苍之属'."唐代、元代的典籍中也有类似记载.

这种对儿童的数学教育,明显地只是传授一些基本的日常生活中的数学常识.这种教育不需要专门的数学教员,附在一般文化教育中就行了.事实上,儿童所接受的数学知识是任何一位当时的文人所必备的.所以,在我国漫长的古代教育中,儿童教育中数学教育并不是独立的.儿童数学教育的这些内容已经是中国文化的一个组成部分.但不容否认,我国传统的学校教育中从周朝起确实有数学教育.对于中国古代大多数知识分子和官吏来说,启蒙时期所接受的儿童数学教育,差不多是他们一生中所接受的全部数学教育.

严格地说,中国古代儿童的数学教育只不过是一种常识教育.中国古代真正的数学教育是与中国古代数学的发展紧密相连的.

在中国教育史上,"六艺"是众所周知的.在《周礼》这部专门记述周朝百官制度的著作中,《地官·大司徒》篇中记载:"保氏掌谏王恶,而养国子以道,乃教之六艺,一曰五礼,二曰六乐,三曰五射,四曰五御,五曰六书,六曰九数."表明周朝时有一种称为"保氏"的官,负责对学生(国子)们进行教育,内容是"礼、乐、射、御、书、数",数学也是教学科目之一.在这里,我们看到,数学处于和礼、乐、书等平等的地位.这种数学教育已经超出了一般常识教育.

作为数学教育的"九数"指的是哪些内容呢?据后汉郑玄[①]注九数:"九数:方田,粟米,差分,少广,商功,均输,方程,赢不足,旁要;今有重差,夕桀,勾股."这些内容与现今仍存有的《九章算术》各篇的名称相同,只不过《九章算术》以"勾股"代"旁要".三国时著名数学家刘徽[②]在《九章算术·注》序中说得更明确:"周公制礼而有九数,九数之流则《九章》是矣."可以肯定"九章"的名称是所谓周礼九数的演变.周朝数学教学内容的"九数",后来成为中国古代数学成熟标志的《九章算术》中的内容.对于这一点,明朝万历三十二年(1604年),黄龙吟在《算法指南》的刻本中,根据周公制礼,《周髀算经》托为周公、商高问答之辩,断言"周公作九章之法,以教天下",并且附了一张师徒传授、学习数学的插图.该图生动地描绘了古代中国数学教育的情景.

① 郑玄:字康成,127—200.
② 刘徽:魏晋时人.

　　将周公封为中国古代数学教育的开山祖师,这与中国传统文化中的做法是颇为一致的.神农尝百草,仓颉造字,孔子教人识字,鲁班教天下木匠,等等,每一行当都有一位历史上真实的人作为鼻祖.数学也不例外.在这个意义上,不妨称中国数学教育祖师是周公.

　　《九章算术》是一部现在有传本的、最古老的中国数学经典著作①,而周朝数学教育的主要内容"九数"即为《九章算术》的内容.这表明,《九章算术》中所涉及的知识大都在周朝时中国人已经掌握了,同时《九章算术》的出现可以看作是该书以前②数学成就、数学教学成就的总结.

　　不仅如此,《九章算术》成书以后,又影响了中国古代的数学教学、数学研究工作.在中国古代数学史上,《九章算术》的形成,标志着中国古代数学的形成③,16 世纪以前的中国数学著作大都遵照《儿章算术》的体例.另一方面,我国古代数学教育一直以《九章算术》为主要内容.实际上,这两方面是互为因果的.

　　《九章算术》一直被我国古代数学家作为学习、研究数学的门径.刘徽自己曾说:"幼习九章,长更详览",最后完成了名垂千古的《九章算术注》.祖冲之、贾宪、杨辉等都详注、详解过《九章算术》,许多著作如唐代王孝通的《辑古算经》、明代程大位的《算法统宗》等都是受《九章算术》的启发而完成的.

　　中国古代数学教育自从有《九章算术》后,一直以该书作为基本教材,师徒数代一直学习、研究、注释该书,这一点和中国传统的学术、教学是完全一致的.这样,一方面保留了中国数学从《九章算术》开始所具有的鲜明特点的连续性,使得中国数学没有像古巴比伦、古埃及的数学那样中断;但另一方面,也使得中国传统数学的发展在一定程度上受到了阻碍.

　　中国古代数学教育发展日趋成熟,到三国魏时有尚书算生、诸寺算生,级别为从八品下.经过两晋、南北朝,发展到隋唐时出现了根本性的变化.隋朝对中国文化的重大影响之一,是开始了科举考试的时

---

① 钱宝琮主编:《中国数学史》,科学出版社,1981 年,第 28 页.
② 关于《九章算术》的成书年代,数学界分歧较大,一般认为成书在东汉,公元 50—100 年.
③ 严敦杰:中国数学教育简史,载《数学通报》1965 年第 8 期,第 44 页.

代.这样,在选拔官吏方面部分地改变了依靠门阀、举孝廉等方式,从而为广大的文人骚客,尤其是出身贫寒的文士开辟了一条进入仕途的道路,同时也对中国文化的发展产生了积极影响.唐宋诗、词的发达,宋元科技发展到一个高峰鼎盛时期,都与此密切相关.

隋朝建立完整的数学教育制度的标志,是在国家创办的最高学府——国子寺中第一次设立了明算学,在科举中设立了明算科[①].《隋书·志第二十三·百官志下》记载:"国子寺祭酒一人.属官有主簿、录事各一人.统国子、太学、四门、书、算学.各置博士(国子、太学、四门各五人,书、算各二人)、助教(国子、太学、四门各五人,书、算各二人)、学生(国子一百四十人,太学、四门各三百六十人,书四十人,算八十人),等员."隋朝已有正式的高等教育机构,并给了算学以一席之地.而在隋朝以前,据史书记载,算学多在史之内,不列于国学.从这个意义上来说,数学教育已开始走出附属的境地,而成了一门独立的门类.在我国数学教育史上,数学课程的独立,大学数学部门(相当于今天的系)的出现当在隋朝.博士二人,助教二人,学生 80 人的明算科,在今天的标准看来,当然比较少,但毕竟在我国历史上是首创.

隋朝灭亡之后,唐朝在其基础上继续发展数学教育.在各个方面都进一步完善化了.

唐朝在最高学府——国子监里设有明算科,把数学继续作为一个专科.算学师生状况在唐初是这样的:"算学博士二人,从九品下;助教一人,掌教八品以下及庶人子为生者[②]."明算科师生的社会地位都很低下,算学博士的官秩才是从九品下,算学助教则没有品级,而国子学博士官秩为正五品上,连助教也是从六品上,因此出现了"士族所趋唯明经、进士二科而已"的局面.

唐朝明算科学生是通过考试而选拔的"唐贡士之制,有秀才,有明经,有进士,有明法,有明书,有明算.每岁仲冬郡县馆监课试[③]."由于种种原因,当时数学教育兴废无常,学习算学学生的人数也随之发生变化.唐初明算科有三十人,"贞观以后,太宗数幸国学,太学遂增学舍

① 杜石然等:《中国科学技术史稿》(上),第 323 页,科学出版社,1982.
② 《旧唐书》卷四十四,职官志上.
③ 杜佑:《通典》.

一千二百间.……其书、算各置博士,凡三千二百六十员",书、算两科共有师生三千多员,足见当时盛况.①但以后却发生了变化."显庆二年(657年)废书、算、律学","显庆三年(658年)又废,龙朔二年(662年)二月复律、书、算学.三年(663年)以书隶兰台,算隶秘阁局,律隶详刑寺."有时学生甚至减少到十名、两名,几乎与废置差不多.晚唐时期,明算科考试都停止了.尽管这样,唐代继隋所建立的数学教育功绩仍不可否认.

从现在所存资料看,唐代的数学教育有完整的一套体系,从教材的编撰、学生学习,到考核、分配及待遇,都有一套制度,这是我国数学教育史上最早的、详细的数学教育计划,具有十分珍贵的价值.

在唐代的算学博士中,有著名数学家王孝通.据《旧唐书》记载,他在公元623年(唐高祖武德三年)即已为算学博士,他在数学上的卓越成就是著有《缉古算术》,其中介绍了求三次方程正根的方法(称为"开带从立方法").《缉古算术》(又称《缉古算经》)纠正了前代人的很多错误.很快,该书成了唐代数学教育的标准教材.他在"上《缉古算经》表"上说:"臣长自闾阎,少小学算.镌磨愚钝,迄将皓首.钻寻秘奥,曲尽无遗.代乏知音,终成寡和.伏蒙圣朝收拾,用臣为太史丞.比年以来,奉敕校勘傅仁均历,凡驳正术错三十余道,即付太史施行."王孝通是有史可考的最早的职业数学教育家,后来官至太史令.

在中国历史上,第一位系统编撰、校点数学教科书的数学家当推李淳风."李淳风岐州雍人,明天文、历算、阴阳之学②."关于编撰数学教科书,有详细记载:"唐初太史监候王思辩表称:《五曹》《孙子》十部算经,理多踳驳,李淳风复与国子监算学博士梁述,太学助教王真儒等受诏注《五曹》《孙子》十部算经.书成,唐高祖令国学行用③."通过国家法令颁行数学教科书,这在中外历史上当推第一次.颁行的时间是公元656年:"显庆元年(656年),左仆射于志宁等奏以十部算经付国学行用."现在有传本的《算经十书》每卷的第一页上都题"唐朝议大夫,行太史令,上轻车都尉臣李淳风等奉敕注释."奉旨编撰教科书,这

① 《唐会要》卷三十五.
② 《旧唐书》卷七十九,李淳风传.
③ 《旧唐书》卷七十九,李淳风传.

是数学史上的一件大事.李淳风受诏注《算经十书》当在显庆元年(公元656年)前,因为"显庆元年,复以修国史,功封昌乐县男",而古十书的官衔中没有这一名称.

李淳风等人注释的《算经十书》,在数学成就方面大大提高了,同时也更便于教学之用,对于初学者很有帮助.

李淳风等人审定、注释的十部数学教材,今天已没有完整的全部传本了,根据史料记载,可以完全确定的有:《周髀算经》《海岛算经》《九章算术》《孙子算经》《五曹算经》《张邱建算经》《五经算术》《缀术》《缉古算经》九部,另外一部可能是《夏侯阳算经》.此外,《数术记遗》《三等数》二部书可能是作为课外参考书.

唐代的数学教学采取分组的方式.分为二组,唐初时每组十五人,每组的课程不相同."二分其经,以为之业.习《九章》《海岛》《孙子》《五曹》《张邱建》《夏侯阳》《周髀》《五经算》十有五人,习《缀术》《缉古》十有五人,其《纪遗》《三等数》亦兼习之①."这种分组方式究竟是出于什么考虑,史书上没有记载.限定的学习时数表明,每组学习时间均为七年.

对每一门课程的学习时间长度也有明确规定:"凡算学,《孙子》《五曹》共限一岁,《九章》《海岛》共三岁,《张邱建》《夏侯阳》各一岁,《周髀》《五经算》共一岁,《缀术》四岁,《缉古》三岁,《记遗》《三等数》等皆兼习之②."唐初确定的上述专业年限及所学课程,在唐贞观时期仍在施行.

唐代数学教育规定有十分明确的考试制度,基本目标是:"明数造术,详明术理,然后为通."学生学完规定的时间与课程后,按照所学内容分两组进行考试.第一组"试《九章》三条、《海岛》《孙子》《五曹》《张邱建》《夏侯阳》《周髀》《五经算》各一条③",共考试十道试题.第二组试"《缀术》七条、《缉古》三条",④也是共十道试题.此外还要加试《记遗》《三等数》.这种考试划定了考试范围,使学生能够有重点、有主次

---

① 《旧唐书》卷四十四,职官三.
② 《新唐书》卷四十四,选举志上.
③ 《新唐书》卷四十四,选举志上.
④ 《新唐书》卷四十四,选举志上.

地进行复习.

　　成绩的评定也有明确的规定,两组十道试题的要求及附加内容的要求都是相同的,试题"十通六""《记遗》《三等数》帖读十得九,为第①."相当于今天的六十分算及格.有时还进行口试,规定"得八以上为上,得六以上为中,得五以下为下."

　　学生学完课程,经考试合格后,送吏部"铨叙"(即分配工作),给予从九品下的官阶.诸及第人并录奏,仍关送吏部.书、算为九品下叙排.

　　在算学考试中,没有学过国子监算学的人,也可以应试②,这大致相当于今天的同等学力参加考试,或自学考试,表明唐代的算学考试的方法是多样的.考试合格者同样授予官职,予以录用.

　　唐代的一套数学教育制度即使在今天看来也是十分完备的,可以看作早期的数学专业化教育,从学生的选拔、培养、考试到去向都有详细的规定.可惜的是,这一套制度没有坚持下来.

　　唐朝的数学教育制度还对日本、朝鲜同时期的数学教育产生了影响.日本天智天皇时期(663—671),开始筹建学校,置算学博士二人,算学生二十人,所采取的数学教育制度也仿唐制,数学教科书、考试办法也大都一如唐朝.朝鲜也仿照隋唐数学教育制度,设置算学博士,采用唐朝钦定的数学教科书.作为封建盛世的唐朝,其数学、数学教育对东亚产生了积极深远的影响.

　　唐朝的数学教育制度对以后各朝代的数学教育有一定的影响,只可惜多半废弃不用.五代时期由于连年不断的战争,连学校都无法办,更谈不上数学教育了.

　　北宋初期,仿唐制设有"算学博士",但并未兴办数学教育.到元丰六年(1083年)才正式创立国家学校——国子监,分为五科——国子、太学、武学、律学、算学,才有算学考试之举.教育制度,仿用唐制.宋史中记载:"算学.崇宁三年(1104年)始建学,生员以二百一十人为额,许命官及庶人为之.其业以《九章》《周髀》乃假设疑数为算问,仍兼《海岛》《孙子》《五曹》《张邱建》《夏侯阳》算法并历算、三式、书为本科.本科外,人占一小经,愿占大经者听.公私试,三舍法略如太学.上舍三等

---

① 《新唐书》卷四十四,选举志上.
② 李俨,杜石然:《中国古代数学简史》,第141页,中华书局,1963.

推思,以通仕、登仕、将仕郎为次.大观四年(1110 年)以算学生归之太史局①."崇宁三年才正式设置算学科,可是不久又废止.后因制定天文历法的需要,又复置.当时有算学博士及各种辅助人员 12 人,学生最多时曾达 260 人,比唐朝增多了.元丰七年重新刊印了数学教科书,基本上沿用唐代的教科书,这次刊印、注释也是一次较大规模的整理研究工作②.在各门课程的学习年限及考试方法上也有些变化.学生修完课程考试合格后,所授官职和唐朝差不多.南宋时,数学教育更差,鲍澣之在 1200 年《九章序》中称:"自衣冠南渡以来,此学即废.非独好之者寡,而《九章算经》亦几泯没无传矣."整个说来,宋朝的官方数学教育不如唐朝.尽管宋朝的数学水平比唐朝要高得多,是我国古代数学发展的顶峰时期.

元代的数学教育也有一定规模.元人以外族入主中华,但社会上却曾一度掀起过算学高潮,"方今崇尚算学,科目渐兴."在官修的《通制条格》的"学令""选举"条目中,记载有有关算学的条文.元代马祖常(1279—1338)曾上表奏请设立算学:"伏诸闻奏设立律学算学博士",结果在官办学校中出现了"习学书算……交太史院里学算子呵,国子监里学文书呵"的局面.不过,元代的数学教育成就、影响都不大.

明代时,朱元璋洪武初年的科举考试中兼试算学.明《太祖实录》记载:"洪武三年(1370 年)八月,京师及各行省开乡试.……中试者后十日复以五事试之.曰:骑,射,书,算,律.……书,通于六义;算,通于九法③."《皇明太学志》中也记有:"原洪武二十五年(1392 年)所颁数法,凡生员,每日务要习学算法,必由乘、因、加、归、除、减,精通《九章》之数.昔之善教者,经义治事,贵在兼通,曾谓律令数学,切於日用,可忽而不之学乎④."但过了不多久,算学就为人们忽略了.以至于"宣德四年(1429 年)九月乙卯,北京国子监助教王仙言,近年生员,止记诵文字,以备科贡,其于子学算法,略不晓习.考入国监,历事诸司,字画

---

① 《宋史》卷一百五十七,选举三.
② 李俨:《中国古代数学史料》,第 90-93 页.科学出版社,1956.王国维在《五代两宋蓝本考》中认为北宋算经十书为《周髀算经》二卷,《九章算术》九卷,《孙子算经》三卷,《数术记遗》一卷,《海岛算经》一卷,《五曹算经》五卷,《夏侯阳算经》三卷,《张邱建算经》三卷,《五经算术》二卷,《缉古算经》一卷.
③ 《日知录》卷十一.
④ 《皇明太志学》十一卷.

劣拙,算数不通,何以居官莅政.乞令天下儒学生员,并习书算.上从之①."但是,没过几年,数学教育依然为八股取士的风气冲淡了.明宣德、嘉靖以后,明代就不再有官办的数学教育了②.

清初数学教育有较大起色.设立算学馆,选八旗世家子弟入学,这些都是具体措施."康熙五十二年(1713年)初设算学馆,选八旗世家子弟,学习算法.以大臣官员,精于数学者司其事.特命皇子亲王董之③."由于天文历法的需要,清朝康熙、雍正、乾隆等诸皇帝都很重视数学,国子监算学馆一直较受重视.嘉庆、道光年间,数学教育也未间断,而且有人主其事.如乾隆五十年(1784年)汤大选任钦天监正,兼管国子监算学馆,嘉庆十三年(1808年)福文高任钦天监正,道光三年(1823年)李拱辰任钦天监正,并兼管国子监算学馆.数学教育亦有一定成就.

明末清初,出现了数学及近代科学的"西学东渐".我们认为,清代中、后叶"西学东渐"后的数学与教育已经超出了古代中国数学与教育的讨论范围,留待后面专门讨论.

中国古代数学在相当长一段时间内占据世界领先地位.从中国古代的数学教育来看,也是世界上较早、较完备的.中国的数学与教育堪称历史悠久、成果辉煌.那么是否可以说中国古代的国家数学教育制度促进了中国古代的数学发展呢?

问题远不如人们想象的这样简单.注意这样一个事实也许会很快地否定这种想象:中国古代通过国家数学考试及格、受了好几年数学教育的人,很少在数学上有所造诣④.唐宋的著名数学家没有一位是靠国家数学教育培养出来的,这与唐宋时期中国古代数学十分发达,又有一套完整的数学教育制度是极不相称的.

造成这种状况的原因是多方面的.其中重要的一条恐怕就是死啃书本、教学方式刻板所造成的.学生只需要背诵、记住算经十书的内容即可,因此将数学教育也等同于其他经文教学.在中国古代教学中,首

---

① 《日知录》卷十一.
② 李俨,《中算史论丛》(四上),第284-285页,中华学艺社.
③ 《皇朝政典类纂》卷二百十七.
④ 严敦杰:《中国数学教育史》(上),载《数学通报》,1965年第8期第46页.

要倡导的是背诵经典,背《论语》《孟子》《大学》《中庸》等.这种方式也许对于一般教育还有所帮助,但对于数学教育难以奏效.数学教学最关键的是要掌握其思想和方法实质.而那时的数学教育采用的是背诵经书的方式,只要求学生死记住十部算经的条文,不是提倡创造而是提倡背诵,这样培养出来的学生怎么会有重大的数学成果呢?

总的说来,中国古代的国家数学教育在世界数学教育史上独具特色.通过国家的法令颁布数学教育计划,从学生来源、教科书的编注、修业年限、考试到分配各方面都有明确规定,使中国数学教育在公元7世纪就具有相当完备的形式.国家数学教育制度对于保存中国优秀的数学成果起了巨大作用.唐代、宋代把必修的数学教科书叫作十部算经,就是今天《算经十书》的由来.但是,这种数学教育制度对中国古代数学发展的积极影响不大.

中国古代数学教育的另一个重要方面是私家的数学传授,这种数学教育方式对中国古代数学发展的作用,远远超出了官办的数学教育.

中国古代有成就的数学家许多是经私家数学教育,靠学艺的方式造就出来的.刘徽曾"幼习九章、长更详览."《后魏书》记载,殷绍要学《九章算术》,曾拜在道人法穆门下师承《九章》数学法要.郑玄师事京兆第五元先,始通《三统历》《九章算术》.祖暅先后将数学知识传授给信都芳、毛栖成.南宋秦九韶曾从隐君子学习数学.关于唐代僧一行拜师求教数学,历史上还记有一段有趣的故事:"一行因穷大衍.自此访求师资,不远数千里.尝至天台国清寺,见一院,古松数十步,门有流水.一行立于门屏间.闻院中僧于庭布算,其声籁籁,既而谓其徒曰:'今日当有弟子求吾算法,已合到门,岂无人导达耶?'即布一算,又谓曰:'门前水合却西流,弟子当至.'一行承言而入,稽首请法,尽授其术焉,而门水旧东流,忽改为西流矣."英国著名中国科学史家李约瑟博士在援引这个故事时叹曰:这个迷人的故事说明了当时数学家相互传授知识的困难,也表明了科学上的发明和改进是多么容易和它们的作者一同湮没[1].

---

① 李约瑟:《中国科学技术史》第三卷,科学出版社,1978.

古代私传数学教育还有一种云游学者或书院式的讲学方式. 宋元最著名的数学家之一的朱世杰,就是一个到处云游讲学的学者,平生以数学研究、数学教育为其职业,周游天下二十余年教授数学,颇受欢迎,"复游广陵(扬州),踵门而学者云集."他的数学著作《算学启蒙》(写成于 1299 年)是一部较好的启蒙算术,内容从乘除直到开方、天元术,体系完整,深入浅出. 书院式方式,如金代武元和他的学生"终日相对,握筹布画,"讨论数学问题,元代郭守敬在磁州(今邢台)紫金山紫金书院,与王恂一起向刘秉忠学习数学. 在这种书院中学习数学,强调领会数学思想实质,能有较大收获.

家学相传,在中国古代数学教育中占据了重要地位,这也是中国古代教育、中国文化的一大特色. 刘歆"与父向领校秘书,数术方技、无所不究."南北朝的祖冲之、祖暅、祖皓,诸代相传. 史载:祖暅"少传家业,究极精微,亦有巧思入神之妙……子皓……少传家业,善算历[①]."清代的梅文鼎、梅以燕、梅谷成祖孙三代也都通数学. 此外,历史上著名的家学相传还有宋代楚衍传其女儿,郭守敬幼时接受其祖父郭荣的数学教育,清代汪莱与汪光恒. 在中国历史上最著名的当推祖冲之父子.

在中国古代数学教育史上,有一位杰出的数学教育家,他就是南宋末年的著名数学家杨辉.

杨辉(约 13 世纪中世纪人),字谦光,杭州人. 著有《详解九章算法》12 卷(1261 年写成,现存残缺)、《日用算法》2 卷(1262 年写成,现存残缺)和《杨辉算法》7 卷(1274—1275 年写成)(即《乘除通变本末》3 卷(1274 年)、《田亩比类乘除捷法》2 卷、《续古摘奇算法》2 卷)共 5 种 21 卷.

杨辉走到哪里,都有人向他请教数学问题,他总是乐于解答. 不仅如此,他还特别重视数学的普及教育工作. 他的许多著作都是为普及数学教育而编写的教科书. 他认为唐代官方编注的《九章》等教科书"无启蒙之术,初学病之",决心改变这种状况.

在三卷本《乘除通变本末》的上卷中,他提出了"习算纲目",这篇

①　《南史》卷七十二.

文章是中国数学教育史上的重要文献,是他多年来从事数学教育工作的经验总结.他的许多重要的教育思想都反映在这篇文章中.

杨辉主张,数学教育与学习要循序渐进、熟读审思.他订出了一张详备的学习计划.“习算纲目”的开头是“先念九九合数”,他提出要“自小至大地由一一如一,至九九八十一”的学习九九口诀,而不能像以前那样由“九九八十一”开始(古代是由“九九八十一”开始的,故称为“九九”).由九九合数开始,一直到学通《九章算术》的程序和期限,他都做了详细安排.相当于编定了一份详细的数学教学大纲.在“习算纲目”中,他还对每种新内容学习之后都安排了“温习”,还安排指定了参考书目.

在数学教学上,他主张诱导学习者积极地学习,从而提高计算能力;强调通过习题的演算,来领会个中奥秘.认为“好学君子,自能触类而考”,从而达到学习的要求.如对于海岛题法“今卷后立望竿二题,引证海岛之法,亦循循诱入之意”,从根本上摒弃了官方数学教育中的死记硬背.

杨辉强调在数学教学、学习中要一丝不苟,严谨治学,不放松数学中的任何细小环节,数学书中的注解部分也要细心研读.

最为难得的是,他对做好数学习题与学习基础理论的关系,以及按什么标准选择习题有深刻的认识[1],强调:“夫学算者,题从法取,法将题验,凡欲明一法,必设一题.”“题繁难见法理,定撰小题验法理,义既通虽用繁题了然可见也”,这种数学教育原则至今天仍是十分重要的.由此可见,他的数学教育思想、教学方法是十分先进的.

中国古代的私家数学传授,或者说民间数学教育,在中国古代数学发展中起了重要的、甚至是主要的作用.在这种民间数学教育中,学习内容完全可以凭个人爱好、兴趣自由选择,学习风气十分浓厚,无死记硬背之苦,也无考试、出路之忧,有些人如隐士、和尚、道士,甚至把推演数算之理当作一种人间乐趣.从科学研究动力的角度来分析,处于这样一种境界的研究,当是最为理想的.中国古代数学史上很多重要成果主要是通过私学的、民间数学教育培养出来的数学家所创造

---

[1] 　中外数学简史编写组:《中国数学简史》,第306页,山东教育出版社,1986.

的. 这与官方的数学教育形成了鲜明对照.

可惜, 我国私学的数学教育制度形式多种多样, 史料记载下来的极少. 同时这种民间的数学教育也有其对数学发展不利的一面——使数学神秘化, 造成了历史上的绝学, 从而使许多人将数学列为方伎而轻视它, 这对数学知识的普及, 尤其是对许多高深、独到的数学内容的发展造成了很大的损失.

中国古代数学发展的一大特色是数学与天文、历法紧密地结合在一起, 因此有相当一部分数学教育是与天文、历法教育联系在一起的. 许多天文、历算史家进行着世代的祖传, 学院、观象台进行着数学教育. 唐、宋时期每当废除算学时, 就将算学师生划归太史院.

我们看到, 中国古代数学教育是十分发达、富有特色的.

我们花了大量篇幅来论述中国古代数学教育, 按理说, 下面应该分析中国古代数学教育所反映的中国古代的数学观——数学的作用, 数学在科学、社会中的地位等诸方面. 但下面我们先论述古希腊的数学教育与数学观, 然后再从中西文化的比较方面来评价中国古代的数学观.

如此进行处理, 是出于这样的考虑: 古希腊科学, 尤其是古希腊数学, 决定、影响了整个西方的科学和数学. 中国古代的科学及数学的发展, 在与西方文明接触之前, 一直是沿着春秋战国、秦汉开创的道路发展、变化的. 因此, 通过考察中、西(希)数学教育、数学观的差别, 我们试图给出中西文化、科学、数学发展差异的一种解释, 从而使我们能从一个侧面, 看到数学与数学教育对科学、文化、社会的影响.

1.3 古希腊的数学教育

不管人们对古代文明有什么看法, 都不能不承认这样的事实: 我们在哲学中、科学中、文化中以及其他许多领域中常常不得不回到希腊这个民族的成就方面来. 希腊人无所不包的才能与活动, 保证了他们在人类发展史上与其他任何民族相比处于一个特殊的地位[1]. 因此, 许多人愿意说: "希腊人永远是我们的老师."

在古希腊, 数学作为一门科学, 同时也作为一门教学科目, 发挥了

---

[1] 《马克思恩格斯全集》第 20 卷, 第 385-386 页, 人民出版社, 1971.

非同凡响的作用①,无论是在古希腊科学、文明中,还是对人类整个文明的影响都是如此.

古希腊的教育主要有两大体系——斯巴达(Sparta)体系和雅典(Athens)体系.斯巴达教育体系主要是一种军事教育体系,对文化很不重视,因此我们不在这里讨论.

而雅典教育体系就大不相同了.雅典,由于位于优越的海滨港口之畔,很早就成了希腊的商业中心.由于对东方各国如腓尼基、埃及贸易的发展,雅典大部分奴隶主贵族在公元前 6 世纪时已经由农业贵族成了商业贵族.这样,雅典成了商业阶层的代表所领导的奴隶制民主共和国.奴隶们的辛勤劳动,使得奴隶主贵族、平民们有大量的闲暇时间发展文化."只有奴隶制才使农业和工业之间的更大规模分工成为可能,从而为古代文化的繁荣,即为希腊文化创造了条件.没有奴隶制,就没有希腊国家,就没有希腊的艺术和科学②."沸腾的政治生活,奴隶主、自由民高水准的经济生活,与东方各国频繁的交往,浓厚的民主政治气氛,形成了高度发达的雅典文化.公元前 6 世纪—前 4 世纪雅典的教育正是在这种环境下形成的.

鼎盛时期(前 6—前 4 世纪)雅典教育体系是这样的:

0—7 岁:家庭教育(游戏、掷骰子、猜单双、模塑、雕刻);

7—14 岁:文法学校(阅读、书法、计算);弦琴学校(音乐、唱歌、诵诗);

13—15 岁:体操学校;

16—18 岁:体育馆(体操、政治、文学、哲学辩论);

18—20 岁:高等学校③.

雅典学校的教学方法以一切教学都致力造成愉快为原则.在教育中,注意培养自尊心、克己力、精神的安宁、愉快的心情和态度,渊博的知识和崇高的道德;雅典教育的理想是协调地发展人的体力和能力,从多方面使学生获得身心的健康④.

---

① 这一评价见 History of Mathematics Education. 载 The International Encyclopedia of Education. Vol. 6,p. 3237.
② 恩格斯:《反杜林论》,见《马克思恩格斯选集》第三卷,第 220 页.
③ 米定斯基:《世界教育史》第 21 页,三联书店,1950.
④ 哥兰塔等:《世界教育学史》第 20-21 页,作家书屋,1951.

　　与古代任何文明的正规教育一样,雅典教育是一种贵族教育,而且与斯巴达的国立教育不一样,雅典的学校是私立的——这一点对于形成古希腊林立的学派有着极大的影响.

　　在希腊学校教育中,初级教育(文法学校)一直持续到 14 岁.这一时期教育中的数学主要是一些日常生活中的感官可及的实用算术,内容包括基本的计数、测量、称重量等.教数学时,运用手指和小石子记数,有时也运用特别的仪器——计算板(这种仪器的形式是:在若干平行的小棒上,串着小骨子,每棒有十粒),教基本的加、减法,同时讲述基本的几何知识.这一时期主要是通过做一些具体的实际观察来进行计算,如测量、计算物体的长、宽、高.

　　中级教育,即在 14 岁到 18 岁这段时间里,学习的主要数学内容是几何学和天文学.大约在艾索克拉底(Isocrates,前 436—前 338)时代,这两门学科被列入了正式课程①.从这一时期开始的数学教育,成了训练思维、增长才智的方式.这种数学教育不仅要求学校中的学生必须接受,而且到处游历讲学的学者们也必须经常进行这些方面的训练.

　　在 18 岁以上的学生的高级教育中,数学已经成为教育中的一个最重要的部分.下面我们将详细阐述数学在希腊教育中的地位和作用,而这种地位和作用的形成又是与希腊的科学、哲学思想密不可分的.

　　希腊文化的一大特征是:崇尚理性——在数学方面就是崇尚演绎推理,将哲学与数学紧密地联系在一起.

　　希腊学术的发展是通过诸多学派在各自的学园中成长起来的,这些学派在学园中进行研究、教学双重活动.数学在各个学派的研究、教学活动中占据着重要的地位.

　　现在公认,公元前 6 世纪米利都的泰勒斯(Thales,约前 640—前 546)是希腊数学、天文、哲学的鼻祖、奠基人.他创立了爱奥尼亚(Ionia)学派,在数学中的卓越功绩是引入了演绎推理.将东方古巴比伦、埃及的经验数学转变成了一门演绎科学,他起了重要的作用.

---

① T. L. Heath:A Manual of Greek Mathematics,p. 7-8,Oxford,1931.

古希腊数学是在先后相继的几个中心地点发展起来的,每处都在前人的基础上增砖添瓦.在每个中心地点,都有一些学者在一两个伟大学者带领下从事研究和教学活动.泰勒斯授徒讲学以后的各个重要学派都深受他的影响.

泰勒斯以及大多数早期希腊数学家,都曾向埃及人和巴比伦人学习过代数学和几何学,其中有不少人来自继承了巴比伦文化的小亚细亚.泰勒斯早年是一位商人,以后又游访过巴比伦、埃及.但是后来他们创立的数学却与巴比伦、埃及的数学内容有着本质的不同.

为什么希腊人在东方经验数学的基础上会创造出演绎数学?为什么希腊人偏偏要坚持在数学中运用演绎证明呢?为什么他们要抛弃归纳、试验和类比这样一些有用且富有成效的获得知识的方法呢?归根究底,是要回答这样的问题:为什么希腊人会创立演绎的数学学科,希腊人为什么会把精神活动提高到压倒一切的程度?

的确,回答这样的问题是十分困难的.不过,从古希腊人的心理、古希腊的社会中还是可以找到一些答案的.

希腊人是天才的哲学家.他们热爱理性,爱好精神活动,这使他们与其他的民族有着重大区别.雅典人热衷于讨论生与死、生命不朽、精神的本质、善恶的区分这样的问题.而为了得到有关这一类问题的真理,进行试验、类比是困难的.于是他们就开始寻求演绎推理,而这正是数学发展所特有的方法.

对美的偏爱,是古希腊人的一个方面.他们将美看作是秩序、一致、完整和明晰;他们在每一种情感经验中都企图寻找理性因素,并且将美与理性等同起来,而演绎推理在其中显得十分富有吸引力.因为演绎法富有条理性、一致性和完整性,这足以使人相信由演绎推理所得出的结论将会显现出真理的美.因此,在希腊人看来,数学无可辩驳的是一门艺术——一门寻求美的艺术.数学的这种特性,一直保留到20世纪,一直存在于每一位真正热爱数学的人的心中.

希腊人偏爱演绎推理的另一个原因,是由于当时希腊的社会组织形式.当时,哲学家、数学家、艺术家具有较高的社会地位.社会高阶层或者完全鄙视商业活动和手工劳动,或者认为这些都是不幸的事情,认为这样的工作损害身体,而且减少了智力活动和社会活动的时间,有损于公民的责任感.亚里士多德宣称,在一个完美的国度里,没有一个公民会从事任何体力、商业活动,这些应该是奴隶们干的.甚至阿基米德(Archimedes,前287—前212)也珍爱在纯科学方面的发现,认为任何一种与日常生活有联系的技艺都是可耻的、粗鄙的,尽管他在实用发明方面做出了巨大的贡献.由于这一点,因而使得曾经在古巴比伦、埃及一度是一种"术"的数学和天文学,都成了一种高度的精神活动.

古希腊人坚持把演绎推理当作是数学证明中的唯一的方法,由于上述原因,从泰勒斯开始,这种方法就被坚持下来了.它使得数学从木匠的工具盒、农民的小屋、商人的货栈、测量员的背包中解放出来了,在一定程度上使得数学成了人们头脑中的思想体系,从而非常适合"有闲暇的阶级"来研究了.这一点,对于数学的发展、科技的发展、人类文明的发展具有极为重要的意义.从这以后,人类开始靠理性而不是凭感官去判断什么是正确的.正是依靠这种判断,理性才为人类文明开辟了道路①.我们看到,希腊人迈出这一步对人类文明的发展具有多么重大的意义,而这一步是通过数学迈出的.数学在古希腊教育中所具有的重要地位,使得数学的方法、精神在这个民族中迅速开花、结果.

从泰勒斯的爱奥尼亚学派开始,希腊数学教育——指专门化的数学教育——已经开始了.在这种数学教育中,数学教学的内容包括著名的四艺:算术(静止的数);几何(静止的量);音乐(运动的数);天文学(运动的量).据说,明确规定这种数学教学内容的是毕达哥拉斯学派的阿开塔斯(Archytas,约前428—前347).

毕达哥拉斯(Pythagoras,约前580—前501)及其学派把数学在整个世界中的作用推向了顶峰.毕达哥拉斯在泰勒斯那里学习一段时期后,又在埃及、巴比伦游历中学到了大量数学知识和神秘主义的信条,然后在意大利南部的希腊殖民地克洛吞(Groton)成立了一个具有宗教、科学、哲学三者合一的帮会式的学派.由于他的威望,吸引来了大批的学生.师徒们聚在一起,尽管没有正式的校园,教室也很少,但

---

① M. Kline:Mathematic sin Western Culture,p.45-48.

却形成了真正的学术中心. 在学派中研究、传授的知识统治了希腊人几乎整个的文化生活.

该学派在古希腊是最有影响的,在数学方面尤其如此——该学派决定了希腊数学的本质和内容. 他们是第一批将数学概念抽象化的人,并且系统化地运用了泰勒斯的演绎推理. 数学概念的抽象化,再结合演绎推理,数学的精神实质因此被显现出来了. 同时也使得数学理论与诸如地理学、算术的实践活动区别开来了. 数学研究抽象概念,这种认识应归功于毕达哥拉斯学派,该学派创立了纯数学,并且把她变成了一门崇高的艺术①.

该学派的教育具有鲜明的特色,这个学派带有苦行僧的性质,招收学徒时,要通过文化方面的测验,并且要求学徒绝对服从组织. 对学徒的行为、喜好和职业,都要加以调查. 在学园里,有许多刻板的规定. 所有学徒分为外围成员和核心成员,核心成员被授以最高深的学问. 所有学徒接受教育的基本条件是:严令保持沉默,认为必须由此才能够把握该学派的思想;抛弃自己的观念,是进行学习、研究的前提. 该学派还规定不许把本学派的发现公布给外人. 传说当毕达哥拉斯学派发现$\sqrt{2}$是不可公度量后,有一次在大海中航行时,有一个成员将此发现说了出来,结果他被同伴们抛到大海里去了. 该学派把一切发明都归功于学派领袖.

众所周知,"数是一切事物的本质,整个有规定的宇宙的组织,就是数以及数的关系的和谐系统②." 这就是毕达哥拉斯学派的基本哲学信条. 这种哲学信条后来经柏拉图(Plato,前 430—前 349)发展,形成了数学观中著名的毕达哥拉斯-柏拉图(Pythagoras-Plato)传统.

爱利亚(Elea)学派的芝诺(Zero,约前 496—前 430)提出了著名的"二分说","阿溪里(Achilles)追龟说","飞矢静止说"和"游行说"四悖论;雅典的第一个学派——巧辩学派(Sophist)提出了著名的几何三大难题:利用没有刻度的直尺和圆规(i)作一正方形使其与给定的圆等面积(简称"化圆为方");(ii)给定立方体的一边,求作另一立方

---

① M. 克莱因:《古今数学思想》,第一册,第 34 页,上海科学技术出版社,1979.
② 亚里士多德:《形而上学》,第一卷,第五章.

体,使后者体积两倍于前者体积(简称"倍立方");(iii)"三等分任意角".当人们大胆地对这些问题以及不可度量(无理量)、无穷问题等进行深刻的思考,进行勇敢的挑战时,雅典的数学教育已经形成了①. 从此以后,有关这一类问题的数学知识被认为对受教育者来说是必需的了.雅典整个社会的高阶层人士认为,数学研究能刺激哲学研究,能够活跃人的思维②.

柏拉图学派是继毕达哥拉斯学派以后领导雅典数学教育的主要力量.该学派的先驱曾师承毕达哥拉斯学派的阿开斯塔等人,柏拉图本人则游历过埃及,并且在意大利南部与毕达哥拉斯学派的学者有过来往.公元前 387 年左右他在雅典成立了自己的学院,在学院里讲授数学和哲学.在教学方法上,柏拉图的老师苏格拉底(Socrates,前 468 前 399)有所谓"助产法",即先让学生讲述其对某一内容的理解,然后老师一步步诘难、启发,直到得出正确的答案为止.他认为这种答案本来存在脑中,老师只不过是帮助"生产"出来而已.这种方法对数学教学有着重要的意义.二千多年后,在中③外④数学教育中,人们对这种方法依然十分重视.

柏拉图学园门口写着:"不懂几何者不得入内!"(Μηδεισαγεωμετρητος εισιτω μου την στεγην)这表明柏拉图对数学非常重视,同时也表明当时数学已成为社会交往中学者的必备知识.严格地说,柏拉图只是一位哲学大师,而称不上是一位数学家.但是,他非常热心这门科学,并深信数学对哲学和了解宇宙具有重要作用.他在学园中开设的课程也和毕达哥拉斯学派的一样,有算术、天文和声学、几何等.在他担任叙拉古的小僭主狄奥尼修斯的教师时,坚持要以几何学教授小狄奥尼修斯,认为这是造就一位好的国王——哲学王必不可少的课程.在他的影响下,当时朝廷里盛行学习数学.公元前 4 世纪,希腊的几乎所有数学成就都是他的朋友和学生取得的,他本人则非常关心把已有的数学知识加以改进并使之完美.他甚至认为,没有

---

① 泰勒斯的爱奥利亚学派,毕达哥拉斯学派都不在雅典,巧辩学派是第一个雅典学术团体.
② The International Encyclopedia of Education,Vol. 6,p. 3237.
③ 朱言钧:苏格拉(腊)底讲学方法的应用,载《数学杂志》1936 年,第一卷第三期,第 125-131 页.
④ H. Freudenthal:Mathematics as an Educational Task. p. 99-108. Reidel Publishing Company,1973.

数学就没有真正的智慧①.

在古希腊诸先哲中,苏格拉底以前的大师们都没有直接留下著作,关于泰勒斯、毕达哥拉斯等人的成就、思想主要依靠的是后人的追述.苏格拉底则像中国的孔子一样"述而不作",只是其门生记录下了他的言行.第一位有完整著述留传于世的希腊哲学家是柏拉图.

我们认为,数学史上完整的数学观是柏拉图在其理念论基础上建立的,这个数学观代表了古希腊数学观.

理念(Idea),被柏拉图看作是一类客观事物的客观化了的共性,是一种概念,而在这方面,数学则提供了最好的根据.数只有形式的性质,而没有质的性质②.如"2"这个数,两个人,两头羊等的共性都以"2"作为其特性,而"2"也表达了这种共性,从而成为一种理念.柏拉图早期利用数阐述了他的理念学说,这在数学史上具有重大意义:它使得数摆脱了具体的形态而转变成了一个普遍的概念.

柏拉图认为,数学应该划归在理念世界之中,数学是研究理念世界的重要方面:"只有当这些研究(即数学、天文学等的研究)提高到彼此互相结合、互相关联的程度,能够对于它们的相互关系得到一个总的看法时,我们的这些研究才算是有价值的事情,否则我们的研究便是白费力气而得不到任何好处③."他强调只有理念世界才是真实的,那么怎样才能认识到这种实在呢?"只有几何学及与之相关的科学,才的确在某种程度上认识到实在④."

《理想国》是柏拉图的一部重要著作.在这部著作中他论述了"数"和理念的关系,强调"数"是最高理念——善的一个重要方面,宇宙间的一切规律和理念都是合乎数理的,人身内各分子的合成以及星体的运动都可以用数学公式来表示,世界之形成是遵循数学公式的,这些公式或规律的总和就是最高真理的一个方面,是洞见永恒的理念的一个必要的阶梯.

对于数学的作用,数学教育、学习的目的,柏拉图借苏格拉底之口

① 罗素:《西方哲学史》,上卷,第145页,商务印书馆.
② 《西方著名哲学家评传》,第一卷,第27页,山东人民出版社.
③ 北京大学哲学系编:《古希腊罗马哲学》,第202-205页.
④ 北京大学哲学系编:《古希腊罗马哲学》,第202-205页.

在《理想国》中作了详尽的阐述:计算的全部技术和全部数学都以数目为对象,而数目的性质看来是有能力引导我们去面向实在,把握真理的,所以这些学习也正是我们所学习的.一个从军的将士应学习数学以便指挥军队;哲学家也应学习数学,因为他要超然于变幻的世界之上而把握着本质,否则他就不能成为一个真正的观察者.我们的监护人,既是将士,又是哲人.因此算术(数学)这一学业应由法律规定必修,凡是将来要参与军国大计的人,我们要引导他们以锲而不舍的精神,而不是以随随便便的态度去学习这门学科,直到有一天借助于纯粹思想,他们能够洞见数学的真实性.他们之所以要练习计算,并不像商人或店员们为了做买卖,而是为了保卫国家,使心灵本身从变幻的世界趋向真理与实在,使我们的心思不得不用纯粹思维以期达到纯粹真理,这就是算术的作用与算术教育的目的.

对于几何学,柏拉图认为,它一方面是关于战争行动的.例如扎一座营盘,争取一个据点,集中或疏散队伍,行军或临阵,对军队作种种布置,几何知识是有帮助的.

可是为了上述目的,一小部分几何和数学的知识已经够了.但是如果要掌握"善"的本质的"形式",就必须作一种较高深的研究.几何学是关于永恒存在的知识,它可以引导心灵趋于真理,因此城邦的公民不应忽视几何学.几何学也有些附带的利益,如它在战争中的一些用处,从这方面来讲,它也是不容忽视的.有没有几何学的训练,对于从事别种学业的准备也是有很大区别的.因此几何学应该作为教育青年的重要学科.

同时,柏拉图还论证了作为数学分支的天文学和声学对于教育的重要性①,并认为学习天文学并不是为了航海的需要,而是为了思索宇宙的无穷.

柏拉图认为,算术、几何等学科,对于学习更精深的内容(如辩证法)是必不可少的.因此应该趁年轻时进行教育,而且这种教育不应该采用强迫的方式.

在《理想国》中,柏拉图勾画了以教育作为划分社会各阶层的标准

---

① 柏拉图:《理想国》,第七章,第20-49页.商务印书馆,1929.

图景.在 17～20 岁受过三年的高等教育训练之后,对于智力上的课程没有表现出特殊兴趣的学生,在 20 岁那年就必须去军营——充当国家的保卫者;对于抽象思维表现出具有特别兴趣的学生则在 20～30 岁继续深造,研究哲学、数学——包括算术、几何学、天文学和声学(音乐理论),到 30 岁时,修完这些课程的学生可担任国家的各级管理者;在智力、抽象思维方面能力最强的人则继续在哲学、数学的基础上研究、学习辩证法——哲学的最高规律,指导人类认识最高的、善的思想的科学.受满五年抽象的哲学教育之后,才能担任国家的要职,成为国王——哲学王.因此,最高统治者是最有学问、抽象思维最强、智力最发达的人.而要培养这种哲学王,数学教育占据着主要的地位.而且他认为,培养哲学王只能是教育的成就,而数学则是达到辩证法的阶梯,所以难怪他要强调在其学园"不懂几何者不得入内".

在人类历史上,强调数学教育对于国计民生具有如此重大的意义,强调数学教育的伟人政治意义,以数学能力——抽象思维能力作为划分社会阶层的标准,柏拉图达到了登峰造极的地步.想一想柏拉图是古希腊最伟大的学者之一,他的学说、思想尤其是重视数学、数学教育的思想通过他伟大的学生亚里士多德在西方世界影响达数千年之久,我们不难知道希腊的强调抽象思维、演绎推理的数学为什么会在世界文明中光彩夺目了.

希腊数学教育的突出成就的标志是《几何原本》①(Elements),除了《圣经》以外,世界上没有任何一本著作像这部著作那样为人们广泛传诵.编撰该书的欧几里得(Euclid,约前 330—前 275)活动于所谓的"希腊化"时期(又称亚历山大时期),以杰出的数学教学才能闻名遐迩.早年他曾在雅典接受教育,深谙柏拉图的几何学,同时又信仰毕达哥拉斯-柏拉图学派的观点.公元前 300 年左右,在托勒密王的邀请下,欧几里得到亚历山大从事数学教学.

经过数百年的数学教育,古希腊的数学(主要是几何学)集中了异常丰富的材料.怎样按照抽象的原理,依靠演绎推理的方式,为几何学寻求一套足够的、能为人们广泛接受的公理系统的任务就摆在人们面

---

① 关于《几何原本》的写作目的,数学史界有相当多的学者认为是写给学生用的课本.我们赞同这种观点.

前了.

欧几里得成功地完成了这一艰巨的工作.他的成就的结晶是《几何原本》,标志着古希腊几何的建立.《几何原本》的伟大历史意义,在于它是用公理法建立起演绎的数学体系的最早典范.从几条经过精心选择的公理出发,欧几里得推导出了古希腊人已掌握的最重要的结论——近500条定理!由于《几何原本》,使欧几里得产生了深远的影响,以致许多人都利用"欧几里得"这一人名来指"几何学".《几何原本》从公元前3世纪开始,统治几何学长达2000余年.

《几何原本》的出现——欧氏几何的创立,不仅仅在于贡献出了许多有用的、美妙的定理(其实,绝大部分定理在欧几里得以前人们已经得到了),而其重要性在于:它产生了一种理性精神,它使得希腊人和以后的文明看到了理性的力量、思维的力量,从而增加了人们利用思维推理获得成功的信念.受这一成功的鼓舞,人类文明的诸多领域都竞相利用.神学家、逻辑学家、哲学家、政治家,都纷纷仿效欧氏几何的形式、过程和实质,这或许是几何教育在西方文明中长盛不衰的原因之一①.

希腊数学教育以特殊的方式提出了一系列教育原则,这些数学教育原则生动地体现了数学及数学教育的特点.除了我们前面在论述泰勒斯、毕达哥拉斯、柏拉图与数学教育中提出的那些以外,古希腊流传下来的生动有趣的故事也是重要的史料.

"图形和信仰",表明由几何学习而上升到更高层次的人生信仰,而绝不能"一个图形,六个钱币",即数学教育与数学学习都不能采取急功近利的态度.据传说,早期一位毕达哥拉斯派学者,仅仅是因为他破产了,才允许他第一次以营利为目的而教授几何学;后来一位破产了的裁缝希波克拉底斯(Hippocrates,约公元前460年)也曾如此.但他们后来都受到了一些著名学者如亚里士多德的非议和鄙视.

数学非常抽象,的确它难以激发人们的学习兴趣.但一旦教学得法,学生会不计较名利而去学习.有一则故事记载了毕达哥拉斯如何利用合适的教学方式使学生对数学发生兴趣的经过.毕达哥拉斯在外

① 欧氏几何在教育中的作用是多方面的,本书在后面还要多次论及.

面学习、游历之后，决定把埃及的一套教育体系在他自己所在的南意大利实施，尤其是想实行一套数学的教学和研究. 于是他决定把自己教授算术、几何的计划公布于众，以免所学到的这些学问最后失传. 他挑选了一名经过初级教育和体操训练的学生，这位年轻人愿意跟他学习数学，看样子也有这方面的天赋，只是家境贫困. 毕达哥拉斯对他许诺说，如果他愿意系统地学习算术、几何学，那么他每熟练地掌握一个"图形"（即一个命题），就给他六个钱币. 按照许诺的条件，经过毕达哥拉斯的循循善诱，这位年轻人对数学学习产生了浓厚的兴趣，后来发现不给钱币他也乐意继续学习. 因此毕达哥拉斯暗示说，自己也很穷，必须干其他的工作才能糊口，而不能再从事数学研究及数学教育了. 此时这位年轻人舍不得放弃数学学习，而愿意为每个命题付给老师六个钱币. 毕达哥拉斯乐了，他提出的正是这样的口号："图形和信仰"，"不能一个图形六个钱币[1]."

关于欧几里得数学教学也有一个类似的故事. 有一位学生刚开始学第一个命题，就问欧几里得："学了几何学之后我将会得到什么好处？"欧几里得叫过来一个仆人，说："给他三个钱币，因为他想在学习中获取实利[2]."这些故事，对于我们今天的数学教育、研究、学习不无启迪.

"几何无王者之道！"学习数学必须扎扎实实，想不花功夫，不下力气是学不到什么东西的. 门内马斯（Menaechmus，约前 375—前 325）在当亚历山大王的教师时，亚历山大问他，是否可以为他把几何弄得简单一点，门内马斯回答说："在国家里有老百姓走的小路，也有为国王铺设的大路，但在几何中，道路只有一条！"古希腊晚期作家津津乐道于这样的故事，表明数学教育已进入宫廷，同时更表明数学精神在希腊文化中，经过教育已生根开花. 人们认识到，数学的本质、数学精神是至善、最公正的，同时也反映了希腊民族由学术民主而走向政治民主的向往与追求.

古希腊的数学教育与古希腊数学一样，在人类文明中具有重要的价值. 数学，以及来源于人类理性的卓越光辉的真正激情第一次被希

---

[1] T. Heath：A History of Greek Mathematics，Vol. I. p. 24-25. Oxford，1921.
[2] T. Heath：A History of Greek Mathematics，Vol. I. p. 24-25. Oxford，1921.

腊人激发了,而希腊的数学教育则使得这种激发了的激情结出了丰硕的果实.希腊的数学成就表明,思想具有至高无上的作用,希腊的数学教育在发展其成就方面起到了无与伦比的作用.尤其是,由希腊人开创的几何很长时期是教育中训练思维的最好的工具之一.

数学在希腊的教育中几乎是至高无上的,这种状况奠定了数学在人类教育中的坚实地位和巨大作用.数学在教育中的作用之有今天,谁能说不是源于古希腊呢?

1.4　从历史上的数学教育看中西方的数学

中西方的数学,在漫长的古代,实质上可以归结为中国与希腊数学.我们的比较也就因此而限定为中国、古代希腊的数学与教育.

在人类文化的各个领域中,每一领域的创造者都会强调其重要性,而问题在于,这种重要性是否会得到社会的认可.中国古代传统文化中,强调数学重要性的字句不难发现,如《孙子算经》中说:"夫算者,万物之祖宗也",宋代著名数学家秦九韶认为数学"大则可以通神明,顺性命;小则可以经世务,类万物",这些言论,似乎把数学的重要性强调到无以复加的程度了.与古希腊毕达哥拉斯-柏拉图传统——强调数学是世界的本质,坚信世界具有数学描述的形式,具有一定程度的类似.但是,二者具有本质的区别.古希腊强调数学的重要性是以一套哲学体系为基础的,而且社会文化需要数学作为培养各级人才的必备知识.而中国古代学者的这种观点只不过是出于对自己所从事学科的一种偏爱,远没有上升为一种自觉自主的认识,更没有任何社会文化基础.不仅没有为社会所接受,就是数学家自己也觉得是夸大其词.秦九韶在进行多年探求"粗若有得"之后,却不得不承认"所谓通神明,顺性命,固肤末于见,若其小者窃尝为问答,比拟于用①."认为实践证明数学只能起到"经世务,类万物"的"小者"作用.

因此,我们认为,中西数学观的分野,在决定数学发展方面起了主导作用,连数学家本人都认为数学只能"经世务,类万物",那么在中国,数学只能被称为是一种"术"———一种不登大雅之堂的济世之术,就丝毫也不奇怪了.对比古希腊拼命强调数学在发展文化中的重要

---

① 秦九韶:《数书九章・序》.

性,我们就不难理解数学发展的差距了.

数学观的不同,自然导致了对待数学教育的不同态度和不同的教育目的.古希腊的贵族化教育,强调数学作为智力、思维能力的训练,应该以将实用作为教育的目的为耻辱,推崇追求一种思想、理智的训练.认为算术是为了认识数的本质,为了追求真理,并非为了做买卖;几何学是为了对思维进行训练,为了培养哲学王;天文学则是为了思索宇宙的无穷.他们把实用目的仅仅作为数学教育的一个微不足道的方面,而注重于逻辑推理能力、抽象思维能力的培养.古希腊的数学教育目的,可以说与今日纯数学教育目的很相近.

中国教育中很早就将数学列为"六艺"之列,表明中国文化是重视数学的,但是又不能不看到,由于数学家对数学的重视也只将其当作一种"济世之术",因而导致了中国古代数学教育以"经世致用"作为目的.

北齐颜之推在著名的《颜氏家训》中说:"算术亦是六艺要事,自占儒士论天道,定律历者皆学通之.然可以兼明,不可以专业."南宋著名哲学家、教育家朱熹认为:"古人志道据德而游于艺,然九数虽为最末事,若而今行经界,则算法亦是有用."他们的言论表明了古代教育家对数学教育的看法:第一,数学是需要的,学会了可以"用世",天道、颁历、丈量土地等都需要数学;第二,数学的基本运算学会以后就足矣,没有必要,也没有价值深究.因此导致出现的局面就是"后世数则委商贾贩鬻辈,学士大夫耻言之,皆以为不足学,故传者益鲜①."认为数学教育主要是计算技术的教育,是末技,交给商贩就行了.纵观中国文化史,数学在中国传统学术中始终只有附庸地位.对中国文化产生重大影响的儒家、道家、佛家、阴阳家都不屑研究数学.诸子百家几乎没有一部数学著作流传于世.

中国古代学者崇尚摆脱尘世,主张为学术、为求得心灵的平静、为追求真理(天道)而从事研究,这与古希腊没有什么两样.从老、庄、陶渊明到历代隐士,从佛、道信徒到失意权贵,莫不如此.中国学术并不具有浓厚的务实的特点.所以中国学术之鄙视数学,乃是因为中国古

---

① 李约瑟:《中国科学技术史》,第三卷,第337页.

代数学观、数学教育目的的认识. 士大夫中不少人耻于传授、研究数学.

　　鲜明的社会性是中国传统数学最基本的特点. 其突出表现之一是数学教育始终置于政府的控制之下①. 从是否开办这门学科,到课程的设置、教科书的编注、师生的来源、考试内容、制度、分配去向,政府都有严格的法令规定. 而政府之所以这样,其目的就是为了培养天文、历法等行政部门的专业计算人员,许多数学典籍也是为这一目的而编撰的教科书,如《五曹算经》. 所以,中国官方的数学教育只不过是一种技术教育而已.

　　私传家学的数学教育实际上也不过是把数学作为一门技艺,世代承袭相传罢了. 因为有天文、历法之需要,所以或者是试图由此而挤进司天监、太史局,或者是为了子承父职,为进入司天监、太史局做准备. 中国历史上许多著名的数学家都供职于天文、历法部门,中国数学的一大特征是天文、数学紧密相连,天文历法影响着数学发展. 私传家学、学院讲学的数学教育,与古希腊各学院完全不可相提并论. 中国古代私家传授的数学教育具有私传技术的一切特点. 首先是企求为皇宫服务,实际上各个朝代授予明算科及相应人员以从九品下的官职本身表明,皇宫完全将他们作为技艺之人,待遇远在填词作诗的文人之下. 第二是掺杂神秘的内容,如占卜等. 祖暅一面传授数学,一面著《天文录》,大谈占星术;李淳风也是如此. 方以智的儿子方中通就说:"占卜为数之通几,三才六艺为数之质测." 中国传统上一直把数学与河图、洛书、易数、谶纬神学联系在一起,正是数学在中国文化中地位的真实反映. 私习数学的人只有二条出路,入皇宫,或摆摊占卜、算命. 再有,依靠一些普及性教育,维持生计. 珠算的发明,口诀的发明,以及二者的结合是其代表. 明清禁止民间演习天文,同时又随着工商业的发达,珠算教育在一定程度是数学教育的全部内容.

　　黑格尔曾说:"时代的艰苦使人对于日常生活中平凡的琐屑兴趣予以太大的重视,现实上很高的利益和为了这些利益而作的斗争,曾经大大地占据了精神上一切的能力和力量以及外在的手段,因而使得

①　中外数学简史编写组:《中国数学简史》,第 10-11 页,山东教育出版社,1986.

人们没有自由的心情去理会那较高的内心生活和较纯洁的精神活动,以致许多较优秀的人才都为这种艰苦环境所束缚,并且部分地被牺牲在里面[1].”世代相传的中国古代数学教育正是以满足社会需要为目的的,“为数学”而数学的场合极少,知识上的好奇心很少光顾数学.数学教育不是作为一种思维训练,而仅仅是一种技艺训练,因而导致采取死记硬背的教学方法.这与古希腊启发式的“知识助产术”,欧几里得的程序教学方式相去甚远.数学是一门抽象性、推理性极强的学科,而中国古代数学由于只是一种技艺,经文中只讲算法,强调“寓理于算”,学生只是背诵经文,算理偶尔通过口授私传.这种教学形式不利于造就有创见的数学人才,在这个意义上,官方数学教育很少培养出卓有成就的数学家也在情理之中,而且这种教学方式不便于数学理论的流传和发展,极易使前人的研究成果被埋没、湮灭.这种状况在中国古代数学史上屡见不鲜,不能不说与数学教育有关.

中国古代数学在希腊数学衰落中断的千余年间,长期占据着世界数学的领先地位,古代数学教育也曾是世界教育史上最完备的.抹杀中国古代数学的辉煌成就,忽视数学教育在发展中国古代数学中的作用,是违背历史事实的,是站不住脚的.

但是,由于数学观方面中(国)西(希腊)的分野,导致了数学教育目的、方法、效果的巨大差距.我们认为,数学观的确是比较中西数学的一个重要方面.我们又不能不看到,中西数学观的不同所涉及的问题远远超出了数学本身,它涉及中西社会、文化的各个方面.所以比较中西古代数学教育依然是有价值的,这样可以反过来促进对中国古代数学发展的特点的研究,同时对于我们今天的数学教育也不无参考价值.

“从许多方面来看,数学总是自成一门学科,它和整个自然科学具有同等的地位[2].”中国古代数学对天文、历法产生了深刻的影响,而且这种影响形成了一种循环加速机制,但是就数学对中国古代科技、社会的影响来看,是十分有限的.“中国过去也没有出现来自自然科学的富有激励作用的要求.对大自然的兴趣不够大,得到控制的实验手

---

[1]　黑格尔:《哲学史讲演录》,第一卷,第 1 页,商务印书馆,1983.

[2]　李约瑟:《中国科学技术史》,第三卷,第 333 页.

段不够多,对经验的归纳不够充分,对日月食的预测和历法计算不够经常——所有这些弊端中国都有",因此中国古代数学,甚至中国古代文化不可能把以前彼此分隔开的各个数学分支学科和自然知识融合在一起[①].数学通过数学教育对中国文化——文学、美学、绘画等诸方面的影响是十分有限的.而在西方文化中,我们看到数学的内容、思想、方法和精神对西方的文学、美学、宗教、绘画、政治产生了何等深刻的影响.在这个意义上,我们认为,数学教育的不同的看法对中西科学、社会、文化的差异起了一定的作用.

---

① 李约瑟:《中国科学技术史》,第三卷,第333页.

二　数学与自然科学的相互作用

数学对自然科学的作用,在于数学具有促进甚至引导科学发展的功能.数学概念、数学思想、数学方法、数学成果都在科学发展中具有十分重要的影响,通过参与教育,又对科学的进一步发展发挥作用.当然自然科学的进展也对数学的发展起推动作用.

探讨数学与自然科学的相互作用,是一个十分重要的问题,它可以使人们充分认识数学的地位,数学的发展规律,科学的发展动力,等等.按理说,数学与自然科学的关系早就应该为教育界透彻认识了,但由于种种原因,今天的现状远非如此.我们认为,从不同层次阐述这一问题,在今天仍然十分必要.

2.1　数学在科学中的地位

数学对于自然科学的极端重要性,首先可以通过数学在科学中的地位反映出来,它表明了数学与自然科学关系的一个基本而重要的方面.

数学在科学中的地位这个问题包括两个方面:(1)数学在科学分类中的地位;(2)数学在科学发展中的作用.通过讨论这两个方面,我们可以得到数学与自然科学关系的概貌.

在一般人的观念中,数学属于自然科学,是自然科学的一个门类.这是数学与自然科学具有密切关系的一个为大众所认可的表现,仅此一点就足以说明数学与自然科学的关系.这也是迄今为止人们对数学作用的一种直观的认识.

为什么会这样呢?在许多人的意识中,他们形成了这样一套看法:因为数学首先是作为丈量土地、观察天象、计数的方法,随后又作为力学、天文学、物理学等自然科学的工具发展起来的.哪一门自然科学如果运用数学的语言和方法建立起了自己的理论,那么这门科学就向精确化的方向前进了一步.因此,长期以来,人们习惯于把数学放在自然科学之中.

但是,数学既不是从来就属于自然科学,也不是在今天仍属于自然科学.数学在科学中的地位,经历过一个演变历程.

古希腊的柏拉图把数学放在理念世界之中,亚里士多德则把数学、物理学、"形而上学"一起放在关于纯知识学问的理论哲学之中.中世纪,数学作为哲学的一个分支被放在神学的名目之下.可以看到,在西欧的漫长学术史上,数学并不属于自然科学.

经过文艺复兴运动,数学与自然科学一同从神学中解放出来,F.培根(F. Bacon,1561—1626)将数学划归在自然科学的实用部分.18世纪法国百科全书派的领袖人物之一,数学家达朗贝尔(D'Alembert,1717—1783)明确地把数学划归在自然科学之内,从理论上确立了数学是自然科学的一个门类.应该说,这种分类法比较适合当时的科学状况,正因为如此,这种分类的影响直到今天仍在发挥作用.

数学作为自然科学的一个分支,被看作是自然科学的工具,主要体现在这样一些方面:

数学更多的是以物理现象为主要研究内容,这一点在今天也可以看到.对弹性理论、多体问题等的研究导致了常微分方程理论,对弦振动的波动方程和位势理论的讨论而引出了偏微分方程.变分法和复变函数等学科的一个直接缘起是出于对实际问题的研究.J.傅里叶(J. Fourier,1768—1830)说:"对自然界的深刻研究是数学最富饶的源泉."甚至他研究数学的开始就是由于从事热流动研究这样的实际问题.恩格斯曾对19世纪前数学研究的本质做过较好的概括:"纯数学的对象是现实世界的空间形式和数量关系."数学以研究现实自然界为主要对象,甚至是唯一对象,这是直到今天绝大多数人的观点.

科学家以数学作为工具去揭示自然界的奥秘.18世纪法国著名的"三L"(拉格朗日、拉普拉斯、勒让德)都曾利用数学解决力学问题.在相当长的时期,人们的主要兴趣是将数学应用于各种自然现象的研究.如著名的欧拉(L.Euler,1707—1783)曾把大量的精力花在船的设计等问题上.他不仅为许多新的数学分支如解析数论、变分法等创立了新方法,而且致力于将数学应用于物理领域中去,创立了分析力学与刚体力学.应用是他研究数学的主要原因之一.许多数学家都像欧拉一样.

最能表明数学与自然科学的密切关系的莫过于这样的事实:一方面判断数学可靠性的标准是物理上是否正确(我们应该充分注意这样的不同,在古希腊,数学是不受实际问题检验的);另一方面,牛顿时代人们用数学标准去决定科学理论的取舍,哥白尼(N. Copernicus,1473—1543)和开普勒就因为日心说更富有数学上的简明性而毅然提出并极力维护日心学说.不过在相当长一段时期,物理标准成了评价数学理论的唯一标准.

值得指出的是,由于把数学看作是自然科学的分支,以物理标准来评价数学,这样,一方面促进了数学的发展,但另一方面却使得人们对数学的严密性重视得不够.如在 17—18 世纪,由于人们强调应用,加上理论的不完善,以致在相当长一段时期,人们对级数的收敛性、微分与积分交换次序、高阶微分的存在、微分方程解的存在性问题等,几乎无人问津.从 $\dfrac{1}{1-x}=1+x+x^2+\cdots$ 得出 $-1=1+2+4+8+\cdots$ 也不能阻止数学家们继续发展数学,因为他们把物理问题用数学形式表达出来以后,推导出来的结论往往是正确的.物理意义引导着数学步骤,为数学的合理性提供了部分论据.他们完全陶醉于取得的物理成就,因而对是否严密不甚关注.只要能对解决物理问题有用,数学家就完全只顾及数学形式,只要看到公式就情不自禁地要对它进行演算,甚至嘲笑希腊数学所要求的严密性是"迂腐",说"希腊人所烦恼的这种琐碎的东西,我们不再需要了."

由于人们把数学看作是科学的工具,因此有时有意或者无意地(更大程度上是无力)没有顾及数学自身的严密性.当然,在这种状况下数学与科学都获得过巨大进步,如 17—18 世纪西欧科学迅速发展的时期.在这样的时期,数学,由于没有严密的理论基础,缺乏逻辑基础,但又要用来作为发展科学的工具,因此数学家们施展了高超的技巧,横向扩宽微积分的威力,产生了一大批重要的分支:微分方程、变分法、微分几何等,为19世纪数学的严密化及数学观的重大转变准备好了材料.科学,则由于一大批数学家把数学直接用于物理问题,将数学与物理问题合并,数学家都成了物理学家,因而科学也取得了长足的进步.

我们认为,把数学仅仅作为科学的一种工具,自然科学的一个分支,这样虽然也会对科学的发展有一定的好处,但对数学的发展却不尽然.在这种情况下,数学的发展处于一种被动状态,长期这样下去,对科学的发展也不利.因此,我们不能对这种状况评价过高,而且数学的发展从来也不会囿于这种状况.

实际上,随着19世纪20年代以后非欧几何、抽象代数的产生,人们发现数学的内容和方法越来越在本质上呈现出与自然科学的区别.数学自身内容的发展,已经日益显露出它超出了自然科学的范围.

非欧几何、抽象代数的产生,分析的严密化运动,标志着现代数学的产生,更主要的是标志着数学观的重大转变.非欧几何告诉人们,空间形式远非只有欧氏几何形式,固定不变的公理系统是可以改变的;抽象代数则表明,能作运算的绝不只是数,代数学更主要地应该研究各种结构问题.四元数的出现,高维空间的引进,数学的研究对象远远突破了现实世界中的空间形式和数量关系,数学再也不能拘泥于物质世界,作为自然科学的一个分支了.否则,在19世纪以前人们利用数学甚至不能容忍负数和复数(因为他们认为二者在自然界中没有实在性),这样怎么能推动数学前进呢?

终于,由于19世纪20年代以后一系列数学革命的冲击,数学从自然科学中解脱出来了,继续着它自己的历程①,数学成为一个独立于自然科学的分支.尽管这种独立很久才被认识或者直到今天还未被人们普遍认识,但是数学无论从内容到形式上都不属于自然科学了.

另一方面,20世纪以后,不仅化学、生物学等自然科学广泛地应用了数学,而且许多社会科学,如管理学、经济学、社会学、社会系统工程和逻辑学等也都应用了数学.思维科学尤其是实验心理学、人工智

① M.克莱因:《古今数学思想》,第四册,114页.

能等的研究开始大量运用数学知识.所有这些,使得人们逐渐认识到,原来数学的对象——空间形式、数量关系、结构关系并不都是自然界所特有的,并不限于自然界.物质世界的三大领域——自然界、人类社会和精神都有量的规定性、结构关系,数学不仅为研究自然界提供科学的方法和工具,也为所有科学研究数量的规定性和结构关系提供科学的方法和工具,数学已经广泛地渗透到了科学知识的各个领域,成了各门科学——自然科学、社会科学和思维科学发展的共同工具,所以它具有最大的普遍性.在这种情况下再把数学划归在自然科学门下已经是不可能的了.

长期以来,尽管人们将数学划归自然科学,但总是让数学处于一个特殊的地位.笛卡儿曾表示"怀疑一切",但不怀疑数学的真理性和"我"的存在("我思故我在").恩格斯在《反杜林论》《自然辩证法》等著作中,尽管没有把数学与自然科学看成两大类知识,但在多次叙述中总是把数学和自然科学放在平行的地位,如"数学与自然科学的哲学问题"等.19世纪以来,很多科学家在进行科学分类时总是自觉或不自觉地把数学和自然科学放在同等的地位,只是由于数学在自然科学以外没有得到广泛应用而没有明确提出数学不属于自然科学.1956年,中国科学院哲学社会科学规划委员会在制订"自然辩证法(数学和自然科学中的哲学问题)十二年(1956—1967)研究规划草案"时,从标题上已将数学和自然科学放在相同的地位,我国已故数学家关肇直在为该草案的"数学中的哲学问题"所写的文章《数学的研究对象、方法、特点及其在科学分类中的地位》中,当谈到数学在科学分类中的地位时,提到"数学与自然科学的区别(是否可以说数学是一门自然科学?)",对数学是否是自然科学表示明确的怀疑.现在,人们已明确认识到:数学不是自然科学,当然,更不是社会科学或思维科学、哲学.

今天,数学已经成为和自然科学、社会科学、思维科学具有同等地位的大部类科学!在世界一些著名学术机构,已经成立了专门的"数学科学研究院","数学科学"逐渐成了为学者们认可的术语.

数学得以成为和自然科学、社会科学、思维科学具有同等地位的科学,一方面是由于数学自身的发展以及数学向其他学科的渗透;但另一方面,也是由于其他科学迅速发展,达到了可以建立理论的水平,并具有与作为形式化条件的数学语言的高度通用性相适应的逻辑简明性,达到了可以应用数学的程度,如生物、化学及经济学、社会学、管理学等现在应用的数学知识很多是在 19 世纪就有了的,但只有这些学科发展到今天的程度才能运用数学知识.因此,对于数学在科学分类中地位的变化我们应从这两方面考虑.

随着数学本身的发展,以及数学的作用随着人类对客观世界认识的深入而愈来愈大,愈来愈重要,数学的普遍性程度也越来越高.数学成为一门独立的科学是数学发展、各门科学知识发展的必然结果,《大不列颠百科全书》也将知识学问按如下方式分类:逻辑、数学、科学、历史、人文科学和哲学,充分确定了数学在科学中的独立地位[①].

2.2 数学与自然科学的关系

无论数学是否属于自然科学,数学与自然科学的关系一直是学术界十分关注的问题.

说来奇怪,尽管数学与自然科学的关系应该是尽人皆知,不成其为一个问题,但由于数学、自然科学在不同时期的状况不同,人们对数学与自然科学关系的认识又极不一致.从这个意义上来说,为了认识数学的重要性,有必要从理论上论述数学与自然科学的关系.

应该说,数学与自然科学的关系并不是十分简单、非常明了,而是一个相当复杂的问题.今天人们的信念是:自然科学越来越数学化——数学设计出理论模型,然后在理论模型与自然科学事实之间建立起同构关系,促进自然科学发展.20 世纪著名数学家外尔(H. Weyl,1885—1955)就认为,科学的数学化(Mathematizing)很可能是人的一种创造性活动,像语言和音乐一样,具有原始的独创性.因此,数学永远是推动科学取得进步的两种方法之一(另一为实验和观察方法).如果数学是科学的女王,则她就不能失掉臣民;如果她是工具和奴婢,就应该为主人效力.有人认为,更准确的说法,数学与自然科学的关系是伙伴关系,在自然科学的发展中,无论过去、现在和将来,通向更本质的知识的道路始终同数学方法密不可分.

数学,曾经使得人们相信宇宙基本上是简单的,规定一些概念,用

① 张祖贵,"对数学的反思",载《自然辩证法研究》,1989 年第 2 期,第 50-58 页.

纸笔做计算,就能推出一些意想不到的预言.令人惊奇的是,这些预言有时就变成了事实,比如量子力学"一个建立在与少数实验事实相结合的某些一般数学论证基础上的理论,它以可靠而神奇的精确性预言了无数个更深一层的数学结果."量子力学甚至预言到一个精确到一亿分之一的物理常数.牛顿力学等依靠数学在少许实验基础上建立的理论甚至发展出了整个人类现代文明.那么今天这种高度抽象化、自由化的数学还能对自然科学发展有贡献吗? 有的话,将怎样推动自然科学发展呢?

在经典作家们看来,人类的社会生活、生产实践推动了自然科学的发展,数学的产生和发展也由生产所推动.人们由于要观察天气,确定耕种、播种、收获的季节,天文学就应运而生了.人们为了对天象观测(察)进行计算,以及为了丈量土地,于是数学就产生了.因此,数学的发展始终是由生产、社会需要推动的.这样一来,数学与自然科学的关系就变得十分简单.长期以来,人们在不知不觉中接受着这样的观念.的确,从发生学角度来看,从作为经验阶段的数学与自然科学的关系来看,上述论述有一定的道理.

数学,以及自然科学中的某些学科,并不会永远处于经验阶段.一旦数学与某些自然科学如天文学、物理学等进入以理论发展为主的阶段,数学与自然科学也就会呈现出新的关系.

古希腊人所建立的数学、自然科学都摆脱了经验的水平,而具有抽象的理论形态.因此,作为理论形态的数学与自然科学的关系,在古希腊具有十分典型的意义,同时也为我们提供了一个十分生动的实例.

古希腊繁荣、发达的数学直接决定了古希腊自然科学的发展.这样说并非夸大其词.希腊人首先从思想观念上使人们认识到,通过数学可以了解整个自然界乃至整个世界,因而人的认识只有通过数学才是可靠的.在古希腊人看来,真正的天文学是研究数学天空中星星的运动规律的,而可见的天不过是数学天空的不完美的表现形式,从而出现了希腊数理天文学.整个希腊自然科学的内容和方向,都不同程度地受惠于希腊数学.

希腊天文学是近代自然科学的一大桎梏,但是"希腊天文学家所采取的方法和所获得的理解是有彻底的现代精神的".虽然其他几个文明古国通过观测都有为数可观的数据,但都没能达到具有科学形态的天文学.希腊学者所建立的天文学都有这样的显著特点:在观测数据的基础上,建立一种数学模型,从而来解释所有天文现象.欧多克斯(Eudoxus,约前408—前355)的理论几乎是纯数学的,他用球的组合来巧妙地说明天体及其运动,通过巧妙地处理曲面和空间曲线,再加上选取球轴、半径和转速,从而使得天体的合成运动能符合实际观测的数据.托勒密(Ptolemy,约85—165)则进一步对所有天体的数学描述加以改进,从几何学的角度构造他的地心说理论.托勒密的名著《大汇编》集中反映了数学观的影响,他认为天文学理论应力求使数学模型最为简单,他的天文学理论并不寻求关于天体运动的物理解释,而只寻求结构解释,说明自然界与几何是同构的而且具有不变的规律.托勒密天文学建立的方法就是按照柏拉图所昭示的公理化方法进行的,这是古希腊科学应用公理法的一个典范,除了欧几里得的《几何原本》以外,古希腊没有别的著作像《大汇编》那样具有深远的影响.《大汇编》能在相当长一段时间合理解释天象,这一点是不能抹杀的.

在古希腊天文学中,数学的作用及影响极大.从来没有哪一个天文学家认为天文学不是数学的内容.而历史事实是:几乎每一位希腊天文学家,都按照几何方法,用公理化思想建立天文学理论;几乎每一位希腊数学家,包括亚历山大里亚时期的阿基米德都研究过天文学.希腊天文学实质上是数理天文学.

希腊人创立了力学,其中以亚里士多德的《物理学》为最高表现.《物理学》从不证自明的原理出发阐述整套理论,这种柏拉图的研究方法(公理法)本身就标志着力学走上了科学的道路.阿基米德则巧妙地把几何与力学紧密地结合起来,完全用几何方法来证明问题,先列出公设,然后再证明命题.这种研究方法与欧几里得《几何原本》中的方法是完全一致的.因此,由古希腊确立的这种力学,2000多年来一直是数学的一个重要组成部分.力学一直被认为是在公理化、形式化、理论化方面与数学不相上下的学科.希腊人的力学已经超越了经验阶段,而进入了数学化的时期.

希腊人的光学、声学,同样也体现了这种强烈的数学传统.

今天,我们在谈到数学与自然科学的关系时,经常会在许多文献中看到这样一个名词:柏拉图传统(柏拉图主义)或毕达哥拉斯-柏拉图传统.这是怎么一回事呢?

所谓毕达哥拉斯-柏拉图传统,就是相信世界具有数学描述的形式,自然科学的本质就是数学.

这是数学与自然科学关系中的一个主要观点,在相当长时期,这种传统对人们有广泛的影响.

这种传统的最主要的作用,是为整个自然科学发展奠定了一个坚强的信念:世界是可以被认识的.这种认识不是建立在思辨的基础上,也不是天人合一的感应,更不是内省.这种传统给人们指示了一条认识自然的道路——一条十分明确的、人们可以去真正探讨的道路.毕达哥拉斯-柏拉图传统奠定了这样的信念:自然界是按照数学方式设计安排的.从毕达哥拉斯开始一直到 19 世纪,大多数科学家都自觉或不自觉地执行这 方案,探索数学设计方案与探索真理在大多数人心目中被认为是一回事,这种信念激励着一些最伟大的科学家."科学产生于用数学解释自然"这一信念,最为接近毕达哥拉斯-柏拉图传统.

在数学、科学的发展史上,不乏横跨几个领域的大师.因《几何原本》而名垂青史的欧几里得,又写出了第一批光学方面的系统著作《光学》《镜面反射》,并按照几何体系建立光学.托勒密创立了影响深远的天文学理论,同时又创立了一个新的数学分支——球面三角.历史上四位最伟大的数学家阿基米德、牛顿、欧拉、高斯,同时又都是在自然科学的其他领域有重大贡献的科学泰斗.

近代科学的兴起在科学的内部可以归结为这样两个因素:毕达哥拉斯-柏拉图传统的复兴和实验精神.但如果我们仔细分析一下科学发展史,则不难发现这两个因素中前者占据着更加重要的地位.

近代西方哲学的创始人之一,著名的数学家笛卡儿(R. Descartes,1596—1650)宣称,科学的本质是数学,一切现象都可以用数学描写出来.伽利略(G. Galileo,1564—1642)则坚持认为,整个大自然乃至整个宇宙这本书都是用数学语言写出的,符号是三角形、圆形或别的几何图形,自然界按照完美而不变的数学规律活动着,因而自然界是简单而有秩序的;数学知识具有超越《圣经》的真理性,对《圣经》可以有许多不同的意见,而对数学的真理,则意见是一致的.
牛顿(I. Newton,1642—1727)坚信自然界是用数学设计的,没有理由
不按照数学家搞数学的程序去进行科学研究.数学与自然科学这种关
系的一个明显的力证,就是当时科学家毅然决然地抛弃地心说而接受
日心说.其实,当时日心说仅仅具有数学上的优越性,在解释天文现象
方面,它还不如地心说有效.

　　数学与自然科学的关系,具体表现就是数学与实验精神相结合.
这为伽利略首创,集大成者则是牛顿.实际上,伽利略很少做实验,他
做实验的目的主要是为了驳斥那些不遵循数学的人,他更多的是按照
数学原理做思想中的实验——理想实验.在《关于两大世界体系的讨
论》中,他描写一个球从航行着的船的桅杆顶上掉下来的运动时,当被
问及是否做过实验时,他明确地宣称:"没有做过,我不需要做,即使没
有任何经验,我也能肯定是这样的,因为它不能不是这样."伽利略坚
信,少数关键实验就可以推导出正确的基本原理.由于坚信自然界是
用数学设计出来的,因此任何定量化的数学定律,哪怕在一两次实验
中似乎是对的,他就充满自信地肯定这个定律是对的,$v = gt$(自由
落体速度)等很多定律他就是这样得出的.

　　这一时期,从开普勒(J. Kepler,1571—1630)、笛卡儿、伽利略到
牛顿,他们在一般方法上或具体研究上都是以数学家的身份去探索自
然的.在一般人的心目中,似乎他们之所以能推动自然科学发展主要
是由于观测和实验.但实际上他们是在薄弱的观察和实验的基础上,
依靠数学,建立定量化的规律,从而导出了极有价值的成果.当时的巨
大成就主要是天文学和力学,观测只给出了极其有限的新材料,甚至
更利于地心说,就是可供建立开普勒三定律和万有引力定律的材料也
极少.而力学方面则几乎没有什么决定性的实验.但是由于当时的数
学理论具有较高的水平,因此就使得科学家们能根据极其有限的观测
和实验,给出了正确的自然定律.当时在科学家的观念中,数学作用比
实验精神要大得多.经典力学是这一时期的最高成就,也是这一时期
科学发展特征的最完整的体现.

　　牛顿科学活动的本质特征是将自然哲学(自然科学)转变为数学

原理,然后作为一种数学理论进行发展,最后再应用于物理世界①.他的研究方法体现了这一时期的数学观.第一阶段,创立一种欧几里得式的公理结构,在这种结构中,可以自由地考察由他所设置的一切原始条件所产生的数学关系.第二阶段,把对自然界的观察和数学体系进行比较,调整公理结构中的原始条件并重复第一阶段.反复进行第一、第二两阶段的工作,最终形成一种与自然界复杂性最为接近的数学体系.第三阶段,以精确的公理化的数学体系演示自然界的运行过程.我们看到,这种方法就是近现代科学发展的一个十分重要的方面.牛顿的传世之作《自然哲学的数学原理》,其实质是研究作为数学内容的自然哲学.

近现代自然科学,在"科学的本质是数学"这一观念指导下,取得了突飞猛进的发展.数学的发展,把各种不同的现象归结成定律,从而提出了统一自然界的愿望,这一愿望由于牛顿、麦克斯韦而成为现实.在这里,自然界表现为量的形式,经得起数学的推敲,从而才能获得比《圣经》更为确实的力量,才能获得一系列巨大的成果,进而推动科学、技术的发展.这是比古希腊数学更加发挥其重大作用的辉煌时期.数学也在自然科学的发展中得到了突飞猛进的发展.不可思议的是,根据少数几个实验用数学方法而发现的定量的自然规律是正确的;从科学实际问题出发,发现严重缺乏基础的数学竟然也能取得一系列光辉成就(如不顾缺乏基础的微积分理论、级数理论等).数学、自然科学的发展无拘无束,充满生气.数学充当了真正的科学女王.

随着19世纪数学发生重大变革,尤其是20世纪数学、科学发生了一系列新的变化,数学与科学的关系也有了一系列全新的关系.19世纪"从数学未来发展的角度看,这个世纪发生的最重要的事情是,获得了数学与自然界的关系的正确看法②."这些新的看法是,数学具有一定程度的人为性(Artificiality),必须将数学知识与真理区分开,数学与自然界的概念和法则根本没有必要完全相同;数学是一种思维,它所建立的结构可以有也可以没有物理应用;数学更多的是一种人的创造物,是一种"任意的"结构;数学与自然科学相反,它没有经验的内

① I. B. Cohen,The Newtonian Revolution,p. 60,Cambridge University Press,1980.
② M. 克莱因:《古今数学思想》,第3册,第101页,上海科学技术出版社,1980年.

容,只依赖于证明.

数学与自然科学的新关系——数学从自然科学中的分离,数学研究的自由化倾向,使数学家们在思想观念上担心数学走上心灵的自我设计的道路,而在具体应用上担心数学脱离了自然科学会一事无成. 希尔伯特(D. Hilbert,1862—1943)一方面热情支持数学与自然界的概念与法则全然不同的观点,另一方面又大声疾呼:"如果数学没有真理的话,那么我们知识中的真理、科学的存在和进步会怎么样呢? 的确,在今天一些专门著作和公开的演讲中,经常出现一种关于知识的怀疑主义和意志消沉. 这是某种我认为有破坏性的神秘主义[1]."一方面他作为形式主义的始祖,认为数学不是关于什么东西的学科,而是一堆形式系统;但另一方面他又强调具体问题是数学的鲜血.

这种新的关系也给整个知识界(尤其是哲学界)带来了烦恼:不使数学从自然科学中脱离就不能开辟新的数学方向,数学进入"自由创造"的时代后确实取得了一系列以往任何时代都无法比拟的成就,但人们又担心数学的自由创造对科学发展不利,担心数学发展偏离了揭示自然界真正设计的目的这个方向.

幸亏这一灾难性的人们思维中的二律背反在数学发展中、科学发展中都不存在! 至少在今天,在数学发展与自然科学发展中,保持着一种恰到好处的"张力".

这种"张力"的表现是,在数学研究与自然科学研究"分离"后,出现了一批专门从事纯数学研究的数学家,如阿贝尔(N. Abel,1802—1829)、伽罗瓦(E. Galois,1811—1832)、康托尔(G. Cantor,1845—1918)以及今天的许多纯粹数学家. 但是,科学的研究也依然取得了前进,尤其是像庞加莱(H. Poincaré,1854—1912)、希尔伯特、外尔、冯·诺伊曼(J. Von Neumann,1903—1957)等,他们都是通晓自然科学和数学的通才. 这种情况标志着这样一个趋势:科学的数学化. 这种数学化不同于以往的任何形式,既不是把全部现象归结为数学,也不是把数学仅仅作为一个工具,而是赋予了新的内容:只有当一门现代自然科学(主要是物理学)的新的数学理论被作为模式而加以接受时,这门

---

[1]　M. 克莱因,《古今数学思想》,第 4 册,第 111 页.

科学才成为一个独立的领域.数学化成了自然科学理论建立的标志,从热力学的数学化、电磁学的数学化,直到相对论和量子力学都说明了这一点.

另一方面,对自然科学发展的方式产生了影响:导致了科学中理论部分与实验部分的分化.如理论物理与实验物理的鸿沟进一步加宽、加深了.数学对自然科学的作用,首先是在理论方面,然后再在实验中实现.这种作用的方式在一定程度上消除了经验论者对纯粹数学自由创造的恐惧感,又使得数学仍能源源不断地起到促进科学进步的作用.正因为如此,人们对数学与科学的关系的认识,在一定范围内就有些不清楚了,以为数学对自然科学的作用降低了.

不管数学怎样抽象化、自由化,不管哲学家怎样拼命叫喊什么"数学危机","数学是人类心灵的创造物",今天的数学发展依然对自然科学发展起着推动作用,甚至人们追求的纯数学形式就直接成为自然科学发展的一个原因.狄拉克(P. A. M. Dirac,1902—1984)直言不讳地说,他的许多物理学研究"只不过是为美妙的数学的追求,可能后来它确有某种用途,那算有了好运气".他曾利用纯粹数学研究得到电子的波动方程,提出了磁单极子的概念,进而认为从纯粹数学研究引向新理论,就会有开创新局面的机会,而仅靠发展旧理论是不够的.自由的数学创造就是以不可思议的方式推动科学向前发展的,人们根本用不着担心自由的数学创造会成为空中楼阁,群论刚创立时谁会想到在物质结构的研究中有那样大的作用呢.

自由化的数学是怎样推动科学发展的呢?这是一个非常困难的问题.一般的方法是选择一种将会构成新理论基础的数学分支和数学方法.如理论性学科在理论构造时就几乎都选用了数学中的公理方法,以致公理方法成为一种科学方法,公理化成为理论发展追求的目标.在牛顿时期人们选择方程作为其数学分支,但在今天,变换则在理论物理中比方程更加重要,因而在相对论和量子力学中就选择变换群作为数学的基础和物理学的基础.选择合适的数学内容作为科学的基础在今天就是科学发展的重要条件.

毕达哥拉斯-柏拉图传统为什么能让人们接受?即数学推动科学发展为什么是可能的?希尔伯特在 20 世纪初展望数学前景时说:我

们必须知道,我们必将知道.对于未来的数学与自然科学,人们相信,二者将是紧密相关的.对此可以这样来描述:数学家进行自由创造,在自由创造中他自己发明规则;与此同时,科学家也在创造,创造中的规则是自然界提供的.历史的事实证明了:数学家在自由创造中凭直觉感到有意义的规则,正好就是自然界所选择的规则.人们坚信,未来的科学与数学发展也必定是这样.数学家进行自由创造,最终,这种自由创造的产物中最简单、最和谐、最深刻、最美的原理——就是自然界的设计.在本质上,数学揭示的是自然世界的原理,数学将与科学统一.这是至今为止科学史、数学史的大部分内容,也是越来越多的人所信奉的信念——一种有用的、十分美妙的信念.

这种信念可以从数学创造的特点和科学社会学中得到解释和支持.数学的本质在于它的自由.然而,数学家的自由研究,却依然遵循着科学发展的规范.

第一,从理论上说,数学家可以自由地选择研究课题,只要服从内在的逻辑一致性即可.但是,选择什么样的课题,则在很大程度上取决于该课题的价值——近期的理论价值、实用价值及长期的价值.在这方面,数学界的学术规范、认同起着一定的作用.

第二,数学研究成果的价值,或者说数学的应用,呈现多种层次.数学成果直接应用于工程技术、自然科学的各个分支只是其中一方面.更多的情形,数学的成果在促进数学理论的进步方面,是其主要的价值,即某一领域的新概念、新方法,或者促进另外数学分支重要问题的解决,或者深化数学家对数学概念的更深入的认识.这种价值,在数学界即被公认为是某一研究的应用价值.美国普林斯顿高等研究院的阿曼德·波雷耳(Armand Borel)曾将数学比喻为冰山——在水面之下是纯数学领域,这一部分隐藏于公众视野之外;水面之上为冰山的尖点,这一部分是应用数学的可见部分.一般人只看到了这一尖点,而没有意识到水底下有大得多的部分①——这是一般人无法看到的.在现代科学的发展中,几乎每一学科都有这种情形:为公众了解的部分;只为学术界内部所知晓的部分.这两部分有一个逐渐转化的过程,只

① 转引自菲力普·格里菲斯(Phillip A. Griffiths)的讲演:《数学——从伙计到伙伴》,见《教学译林》,1994 年第 3 期第 249 页.

不过纯数学领域的成果转化为公众所了解的知识,其历程可能漫长一些.

第三,数学界内部对数学成果的判定,规范着数学研究的方向,这在很大程度上引导着数学家的自由研究,使得数学研究能相对集中地解决许多重要的、有价值的课题."基金制"等科学运行机制起到了这种作用.

第四,如在下一节我们将要看到的那样,数学价值的呈现有时需要等待很长时间,因此,数学家自由探索一些"阳春白雪"的"象牙塔"问题,是一种学术探索的可贵尝试,而学术共同体更应持一种宽容的态度.

第五,许多人认为,虽然应该同意数学家有自由研究的权利,但是大量的学者投入几乎是毫无实用价值的研究,如将某些公理系统中的一、两个条件做一些无多大意义的改变,由此演绎出一大批定理,撰写一些论文,有些论文发表后即无人问津,岂不是造成了大量"浪费",产生了许多无意义的"学术垃圾".对此,我们应该认识到,有一些"尘封"的"学术垃圾"中确有极具价值的伟大创造,这在数学史上屡见不鲜;同时,学术研究中应该允许有许多"不结果"的"创造",因为不能保证每一项研究,甚至不能保证大多数研究都会有价值.其实,不仅数学这样一项极具不可预见性的研究有这种"浪费"现象,许多产业性研究中也大量存在这种现象.据一项资料显示,美国每年投入研究的药品中,大约每1000项中才有一项是可以最终投放市场应用于临床医疗的!但人们并不因此而否定那些不能应用于临床的药品研究项目.所以,数学家的自由研究实属学术发展的正常现象.

这样,我们可以说,数学研究的前景是极其广阔的,数学研究在探讨各种现实的、各种可能结构的创造中,不仅能促进自然科学的发展,而且能和谐地实现数学自身的演进.

2.3 数学对于自然科学发展的推动作用

无论数学与自然科学的关系怎样,都无法改变数学的一个基本功能:数学对于自然科学发展的促进作用.这是数千年来数学始终占据着人类文化重要地位的原因之所在.

伟大的德国数学家高斯(C. F. Gauss, 1777—1855)曾说过一句广为人知的名言:"数学是科学的女王",意在表明数学对于科学的不可缺少的重要性,以及数学对科学的推动作用.数学史家 E. T. 比尔(E. T. Bell, 1883—1960)则认为,数学是科学的仆人,主要是强调数学应该为科学服务.数学与自然科学的种种密切联系,理所当然地决定了数学在自然科学教育中的功能.

诚如美国著名数学家柯朗(R. Courant, 1888—1972)在《数学是什么》[①]一书中开头所指出的那样,数学,作为人类智慧的一种表达的形式,反映生动活泼的意念,深入细致的思考,以及完美和谐的愿望.正是由于人们强调数学不同的侧面,双方才在对立力量的相互依存和相互斗争中,真正形成数学科学的生命力、可用性以及至上的价值.强调数学作为科学仆人的方面,正是为了说明数学对于科学具有广泛的适用性.实际上,这两种观点是统一的,反映了数学具有高度的理论价值和广泛的实用价值.E. T. 比尔,曾专门写了一部书,书名是《科学的王后》[②],这本身就表明,数学作为科学的王后和科学的仆人,完美地履行了双重职责.如果我们将数学视为自然科学的伙伴,那么将会更好地理解数学对自然科学的推动作用,进而充分认识数学在培养科学家、工程师中的作用.

虽然人们很早就认识到数学在科学上的重要作用,但总以为这种作用是间接的、潜移默化的,认为数学仅仅充当仆人的角色,只不过是处理各种问题的工具而已.至于真正的价值,并不像人们夸张的那样大.由于数学知识普及相当困难,更助长了人们上述的错误认识.

实际上,作为一门不能立竿见影产生效果的学科,数学如果不是对于自然科学有着直接的推进作用,那么她很难在自然科学教育体系中占据重要的一席.

海王星与电磁波的发现,可以看作是数学在自然科学中直接发挥作用的榜样.从中我们窥见数学应该在科学教育中起到怎样的影响.

18 世纪发现天王星后,法国天文学家亚当斯(J. C. Adams,

---

① 《数学是什么》(What is Mathematics)由柯朗和 H. 罗宾斯合作,已有中译本,分别由湖南教育出版社(1985 年)和科学出版社(1985 年)出版.

② 《科学的王后》(The Queen of the Science),1931 年由 The Williams & Wilkins-Company 出版.

1819—1892)和英国数学家维利耶(U. J. J. Leverrier,1811—1877)二人分别在分析天王星运行的某些不规则的情形以后,认为天王星之所以发生这些不规则的变化,是因为受另外一颗行星吸引,于是他们两人开始寻找另一颗行星.这种工作不像以前那样,用望远镜观察天空,而是利用纸、笔,借助于数学公式进行寻找.维利耶根据牛顿的万有引力定律等力学定律算出了这颗行星应在的方位,当他把计算结果通知法国天文台一位观察者后,这位观察者在维利耶指定的方位找到了这颗星,这就是海王星.亚当斯也给出了同样的方位.海王星的发现,不只是牛顿力学和天文学的胜利,而且也是数学推理及计算力量的胜利.

1862—1864 年,著名物理学家、数学家麦克斯韦(Maxwell,1831—1879)建立了著名的电磁规律——麦克斯韦方程组:

$$\begin{cases} \operatorname{curl} E = -\dfrac{1}{C}\dfrac{\partial B}{\partial t} \\[2mm] \operatorname{curl} B = \dfrac{1}{C}\dfrac{\partial E}{\partial t} + \dfrac{4\pi}{C}J \\[2mm] \operatorname{div} E = 4\pi\rho \\[2mm] \operatorname{div} B = 0 \end{cases}$$

以非常简洁、十分优美的形式包括了库仑定律、高斯定律、欧姆定律、安培定律、毕奥-萨伐尔定律、法拉第电磁感应定律和麦克斯韦早先提出的位移电流理论,统一地解释了各种宏观电磁过程.不仅如此,从这个方程组——纯数学形式的方程组出发,他提出并从理论上证明了光也是一种电磁波,预言了电磁波的存在.从而把电、磁、光统一起来,实现了近代物理学继牛顿以后在理论上的又一次大综合.麦克斯韦从纯数学上做出的光也是一种电磁波的理论预言在 1887 年终于得到证实.这一年,德国物理学家赫兹(R. Herts,1857—1894)通过实验证明:两个金属小球放电时产生的电磁波,跨越空间传到了实验中的导线回路上.这为电磁波的存在提供了可靠的实验验证,1888 年,赫兹又通过实验,证明了电磁波具有光的所有特性:能折射、反射、干涉、衍射、偏振,还以光速传播.这样,光是一种波动而且是电磁波的理论,开始为人们普遍接受了.更为重要的是,1895 年意大利人马可尼(G. Marconi,1874—1937)和俄国军官波波夫(А. С. Попов,1859—

1906)成功地进行了无线电通信实验,从而奠定了整个无线电技术的基础.现在,无线电电磁波的作用世人皆知,我们追溯它的源流,则不难发现,纯粹数学的演绎推理发挥了重要作用.

正如我们前面已指出的那样,数学对于科学的发展有巨大的推进作用.关于数学在无线电方面的贡献,著名物理学家 M. V. 劳厄(M. V. Laue,1879—1960)曾指出:"正如紧随着牛顿有一个力学的数学发展时期一样,这时也开始了一个麦克斯韦从数学上作精心研究的时期."他认为数学在解决无线电的一系列重要问题方面发挥了重要作用,称赞"现代形式的麦克斯韦理论是和力学具有同等价值的鼓舞人心的艺术杰作".①

科学史上,数学和自然科学的发展密切相关的例子屡见不鲜.较远一些的有牛顿力学及高斯、欧拉、柯西(A. L. Cauchy,1789—1857)、哈密顿(W. R. Hamilton,1805—1865)等人的工作,较近的则有相对论、布朗运动、统计力学及其有关的理论——如协变论、概率论等.今天,一些理论化程度较高的科学离开了数学的发展可以说寸步难行②.

人们应该记住,如果没有 1854 年数学家黎曼(G. F. B. Riemann,1826—1866)在其出版的著作中所创立的黎曼几何,没有由凯利(A. Cayley,1821—1895)、希尔维斯特(J. J. Sylvester,1814—1897)和他们的同事们所创立的不变量理论,爱因斯坦的狭义相对论和广义相对论难以建立起完整的理论体系;如果没有由斯图姆(Sturm,1803—1855)和刘维尔(Liouville,1809—1882)提出的整个边界值数学理论,那么 20 世纪 20—30 年代的远距离原子示波器的制成是困难的;如果凯利不在 1858 年发明矩阵的数学理论,海森堡(W. K. Heisenberg,1901—1976)和狄拉克(P. A. M. Dirac)在 1926 年的引起当代物理学革命性变化的工作也是不可能进行的③.

数学对于自然科学发展的推动作用,还表现为这样的事实:数学中许多最抽象的概念、理论和各种结构、模型,尽管从它们的历史渊源

---

① M. V. 劳厄:《物理学史》,第 54 页,商务印书馆,1978 年.
② 这一点,可以看作是科学数学化的一个具体表现.
③ E. T. Bell:The Queen of the Science,p. 1-2.

来看,是来自数学内部的研究,而不是来自自然科学或工程技术的需要,但是它们中有许多后来却在科学和工程技术方面发挥了连它们的创造者也意想不到的重要作用.虚数最初起源于代数中解一元三次方程,它的实际意义在相当长的一段时间里不为人们所了解,"虚数"(Imagine)一词就反映了人们对它的看法.但是自从 19 世纪初数学家们给出虚数的几何解释以后,它开始越来越广泛地为人们所关注了,由柯西等人进而创立了 19 世纪一门庞大的数学分支——复变数(即变量为 $z = x + y\sqrt{-1}$)的函数论.从此,这种包含"虚数"的函数论,不但一点也不虚,而且成了科学、工艺技术的一种非常实用的工具,在航空动力学、水力学、电子学方面有广泛应用.茹科夫斯基(Н. Е. Жуковский,1847—1921)关于飞机机翼爬升力的主要结论就是借助复变函数论证明出来的.创设"虚数"一词的数学家卡当(G. Cardan,1501—1576)怎么也不会想到,当初认为没有任何实用价值的虚数,今天已成为工程技术中十分重要的概念,而今,复变函数论已成为工程数学中的主要内容.

被认为引起数学思想乃至整个人类思想巨大变化的非欧几何,同样也是纯数学创造具有巨大实用价值的光辉例证.19 世纪 20—30 年代,罗巴切夫斯基(Н. И. Лобачевский,1792—1856)、鲍耶(J. Bolyai,1802—1860)、高斯(F. Gauss,1777—1855)通过改变平行公设,分别创立了非欧几何.罗巴切夫斯基将这种几何命名为"想象的几何",因为当时他还看不出这种几何在现实世界里有任何意义,但是他相信人们迟早会找出它的意义来.不过当时绝大多数人都认为这种几何是荒谬而不可想象的.然而,1863 年,贝尔特拉米(E.Beltrami,1835—1900)却找到了这种几何的现实模型.不仅如此,他的观念还成为几何学的一种新的发展基础.黎曼,尤其是 F. 克莱因进而发展出了种种不同的新型非欧几何理论.更为重要的是,这些理论成了相对论、视觉空间理论的基础.我们今天有十足的理由这样认为,如果没有抽象的、"超越实际"的数学理论,近现代科学的建立将难以想象.

要准确地判断一个抽象的数学理论在哪些地方、什么时候有用,这是不明智的,甚至有许多数学思想的创始人也常常对自己的思想后来竟得到了应用感到奇怪.但如果有人断言某个数学理论"将永远不会有实际用途",那么他肯定会受到时间的嘲弄①. 20 世纪最著名的英国数学家哈代(G. H. Hardy,1877—1947)曾宣称,他从事数学研究纯粹是为了追求数学美,而不是因为数学有什么实际用处.他断言,数论和相对论在现实中派不上用场.令他瞠目结舌的是,素数的性质成了编制一种新密码的基础.抽象的数论与安全发生了最直接的关系,而长崎、广岛升腾的蘑菇云也同样证明哈代错了.从这里我们应该记住的是,对待非常抽象、乍看起来似乎毫无实用价值的数学理论,不要轻易否定、放弃,说不定过了几十年、数百年之后,它们会像抽象的群论一样,成为分析实实在在的晶体结构的有力工具呢!谁说得准呢?可能只能等待时间的裁决.而在未来的时间到来之前,明智的办法是让其自身发展.对待纯粹数学的发展,我们必须作如是观.

数学在自然科学中具有异乎寻常的有效性,正是这种神奇的有效性,引起了古往今来多少仁人志士的赞叹与遐想,以至于人们将数学抬高到无以复加的地步."上帝就是数","上帝历来就是几何化的","上帝历来就是算术化的","宇宙的伟大创造者现在开始以一个数学家姿态出现","上帝是一位数学家".②所有这些赞美,意味着什么呢?意味着人们相信自然界中存在着某种基本的、和谐的秩序,数学的方法正好可以使人们对自然现象的描述条理化,数学在找出这种秩序中发挥了,而且必将还会发挥出重要作用.因此,数学家们相信:数学是关于秩序的科学——它的目的在于探索、描述并理解隐藏在复杂现象背后的秩序.数学的首要工具是使我们能够将这种秩序说清楚的一些基本概念.正因为数学家花费了若干个世纪寻求最有效的概念来描述这种秩序的奇异特点,所以他们的工作就能应用于外部世界.而这个现实世界真可谓集复杂情况之大成,其中有着大量关于秩序的问题③,而由于数学的作用之一——整理出宇宙的秩序——这是"上帝"的职责,所以"上帝是数学家"这个命题可以成立了.

在进入 20 世纪后,数学在科学中的地位大大加强了.回忆一下 19 世纪数学在科学中的状态,那时,"数学的应用:在固体力学中是绝

① 《美国数学的现在和未来》,第 55 页,复旦大学出版社,1986 年.
② E. T. Bell:Man-of Mathematics,p. 21,London,1953.
③ 《美国数学的现在和未来》,第 56 页.

对的,在气体力学中是近似的,在液体力学中已经比较困难了;在物理学中多半是尝试性的和相对的,在化学中是最简单的一次方程式,在生物学中等于零①."今天,数学已经渗透到自然科学、工程技术的众多环节了,并成为其中不可分割的重要组成部分.

如果没有数学,全部现代技术几乎不可能.离开或多或少复杂的计算,任何一点技术改进都会变得异常困难.飞机的技术改进是一个相当有说服力的例子.当代的飞机,操纵着驾驶杆就可让飞机着陆,飞机的速度和方位等数据自动输入机上的滤波器,滤波器在驾驶飞机的时候,能不断地用高斯所发明的"最小二乘法"做出"最佳的拟合",从而求出牛顿物理学定律的一次近似值.甚至早在20世纪50年代,无人驾驶飞机使用了这种滤波器,类似的"状态滤波器"能为火箭、航天飞机、宇宙飞船导航,并对卫星进行跟踪.卫星、火箭、航天器将重要的图像发回地球,经过计算机的"谱分析",图像就会更加醒目和清晰②.在这里,最小二乘法、最佳拟合、谱分析,都是数学方法.没有这些,这一切技术改进都只是空谈.

几乎所有科学部门都多多少少很实质地利用着数学.几乎每个中学生今天都知道,"精确科学"——力学、天文学、物理学、化学——通常都是以一些公式来表达自己的定律,都在发展自己的理论时广泛地运用了数学工具.数学物理学、数理天文学、量子化学,哪一门离开了数学?没有数学,这些科学的进步简直是不可能的③.正是考虑到这一点,人们认为应用数学"相应的可以定义为我们全部知识中能够用数学语言表达出来的那个部分"④.这样,我们就看到,生物学、通信工程、化学乃至经济学、历史学都由于数学的应用而成了应用数学的一部分.应用数学之所以可能,是以数学和科学之间相互依赖这一精神和信念为指南的.正是因为数学已经渗透到许多其他学科领域,才使得应用数学成了一门与"纯粹数学"对应的科学.甚至可以在整个自然科学的很多分支中都可以找出"应用数学"的例子.这也从另一方面更

① 恩格斯:《自然辩证法》,第249页,人民出版社,1971.
② 《美国数学的现在和未来》,第54页.
③ [苏]A.J.亚历山大洛夫等:《数学——它的内容、方法与意义》.
④ A. Einstein:Out of My Later Years,p. 98. New York,1950.

加真实地反映了数学与其他科学的关系.

将数学应用于科学的目的,就是运用数学来阐明科学概念和描述科学现象,从而以此来推进数学和科学的发展.在这里,我们看到,利用数学,可以加深人们对科学的理解,加速科学问题的解决,从而更好地指导人们认识、适应和改造客观现实.数学对科学产生巨大作用的过程,可以分为以下三个步骤:

①用数学语言表述科学问题.

②求解这些数学问题.

③用科学语言解释上述求解结果及其经验验证[①].

从数学理论中提炼出恰当的科学结论及科学含义,以供经验验证,并尽量地把结论约化成最简单的形式,以最贴切的语言来表达,这一步是最重要的.它是数学应用于科学全部努力的顶峰,同时也是将来前进的基础,如完整、优美的牛顿经典力学的结晶《自然哲学的数学原理》就达到了这样的境界.只有这样,人们才获得了新的认识,达到了对问题的透彻了解,同时也为人们展现了数学、科学发展的新的前景.这些比起仅仅推导出某些公式和编纂某些有用的数值表来说,要重要得多,而且也更令人快慰.在这里,我们看到,数学应用于科学也同样是一件创造性的工作,高深的数学不论如何抽象,它在自然界中最终必能得到实际的应用,在某些情况下如天体力学、流体力学中,一些严格的定理能够得到证明,对于实用的目的来说,也是极有价值的.另一方面,许多新的数学观念和新的数学理论是由科学家或应用数学家提供的,如分布理论等.在这种情况下,应用数学的一个巨大的作用是:通过创造、推广、抽象和公理化来产生与科学相关的新数学.

虽然数学与自然科学是相互作用、相辅相成的,但从今日数学与科学各自发展的特点,以及数学在自然科学教育中的作用出发,我们更为强调的是数学对自然科学的作用.数学为科学技术、工程提供语言、工具和方法.近年来,人们通过数学对自然科学的促进,如群表示论对量子力学,微分几何对物理学、量子场论的作用,甚至提出数学和科学将重新统一的观点.工程技术的发展更能说明数学对其他科学的

① 林家翘,L. A. 西格尔:《自然科学中确定性问题的应用数学》,第 5 页,科学出版社,1986 年.

影响,如微分方程、复变函数论、时间序列与控制理论、分叉理论、积分变换理论等,对处理工程问题起了实质作用.

有鉴于此,有些学者呼吁,数学是现代科学、技术、工程、国防的核心.虽然数学研究和数学教育的兴旺发达,并不会自动带来先进的科学技术和强大的国防力量,但后者要先进和强大,则离不开数学的繁荣与发展.正因为二者没有直接的、立竿见影的关系,因此发展数学,大力加强数学教育,是需要认真地加以说明的一个问题.

今天,我们应该充分估计数学在科学教育中的作用.谁也无法用其他的学科来替代数学在科学教育中的地位.

不仅科学技术的诸多领域以数学为基础,就是一向被认为是政治的继续,靠经济实力和成千上万血肉之躯而展开的战争,也越来越多地用到数学.国防研究也越来越与数学发生着紧密的联系.尽管有不少数学家认为,数学应用于战争是应该咒骂的,更有数学家因为数学直接或间接地用于战争而抛弃了数学研究.但是,数学被用于国防,进而进入国防教育,却是一个不能回避的现实.

1983 年 7 月美国科学、工程和公共事务政策委员会数学组国防部分组提出了一份报告:《美国国防部与数学科学研究》.这份报告一开头就说,国防部一直致力于得到各种先进技术,以便能以最小的代价获得最有效的国防力量.在国防部这方面的努力中,数学科学的发展是一个关键因素.

事实上,20 世纪国防发展中的许多关键性问题的解决可以归功于数学的发展.如解决雷达反射和散射图像问题的渐近绕射理论,在推进器系统和许多武器设计中的燃烧、爆炸、火焰传播所产生的反应流问题,都可归结到非线性偏微分方程的求解问题;控制理论已被广泛地应用于航空、航天和导弹发射的控制问题中;傅里叶变换等各种快速变换数学方法、计算机设计、数学规划等,已经被广泛地应用于军事通信、情报收集和侦察工作中的信号处理问题、后勤供应问题;而计算机在军事上的应用则是计算机赖以产生、得以飞速发展的最直接、最主要的因素,计算机的发展史也表明了这一点.

为了加深国防规划、研究系统与数学界之间的相互了解,及时沟通情况,美国有关部门在 20 世纪 80 年代中期成立了一个"数学科学顾问委员会"（Mathematics Science Advisory Committee），向国防部负责研究和发展事务的助理部长办公室报告工作．聘请有名望的数学家，作为各科学领域和各专业协会的代表，到委员会供职，并定期与国防部负责科学政策、管理和资助的官员进行磋商，提出建议．

　　美国人已经充分认识到数学对国防的重要作用．国防部通过增加资助，促进了数学的发展，而这一点在许多国家是难以想象的．"国防部对扩大美国的达到研究水平和高度技术水平的数学人才的人才库十分关心"，提高研究生奖学金，增加博士后研究资助的名额，促使人才数量增加，质量提高，这些问题已引起美国国防部的重视．不管怎样估量最终的效果，这样的举动毕竟促进了数学的发展．同时也表明，国防的竞争与较量，很大程度上与数学水平有关．

　　在 20 世纪 90 年代之前，苏联是一个军事大国，同时也是一个数学研究的超级大国．早在 19 世纪，俄国的数学家就利用数学发展了航空动力学等一系列与军事有关的科学．今天，更是重视数学的发展，在许多军事部门都有精通数学的专家一同工作．加之苏联在教育方面有着优秀的传统，所以数学强国与军事强国的关系是非常密切的．我们认为，像美苏这样的超级军事强国是利用自己的数学人才库发展新式武器，而其他许多国家就只得利用自己的黄金买苏美的武器．可惜的是，直到今天，许多国家的当政者还没有认识到这一点．从利用数学的发展来巩固国防这个方面来说，国家也应该重视数学的发展．现代武器的发展仅仅有钢铁、熟练的技术工人是远远不够的，严密的数学是其最重要的要素之一．1957 年 10 月 4 日苏联发射第一颗人造地球卫星后，美国朝野普遍认为苏联在美国之前发射卫星动摇了美国的领先地位，多方去寻找原因，结论是：苏联注重数学教育是关键之一①．

　　20 世纪的自然科学家，尤其是从事理论研究的自然科学家，都深切地体会到了数学对自己研究工作的极端重要性．

　　爱因斯坦（A. Einstein，1879—1955）因为创立相对论等重要贡献而成为 20 世纪最伟大的科学家之一．他对数学也非常重视，曾担任国际权威杂志《数学评论》的编委．然而真正认识数学的极端重要性，即

---

① 由此美国开展了"新数学"运动，关于"新数学"运动详见本书 7.2 节．

使像他这样的卓越科学家也经历了一个由肤浅到深刻的认识过程. 这可以看作是显示数学在科学教育中的作用的一个极好榜样.

爱因斯坦 12 岁左右就对数学产生了浓厚的兴趣. 欧氏几何的"明晰性和可靠性给我造成了一种难以形容的印象","在 12—16 岁的时候, 我熟悉了基础数学, 包括微积分原理", 基础数学"给我的印象之深并不亚于初等几何, 好几次达到了顶点——解析几何的基本思想, 无穷级数, 微分和积分概念". 17 岁那年他作为学数学和物理学的学生进入苏黎世工业大学时, 遇上了几位卓越的老师, 如霍尔维茨 (A. Hurwitz, 1859—1919)、闵可夫斯基 (H. Minkowski, 1864—1909), 他们都是数学造诣极深的科学家.

后来爱因斯坦回忆说, 在苏黎世工业大学"照理说, 我应该在数学方面得到深造", 可是"我在一定程度上忽视了数学, 其原因不仅在于我对自然科学的兴趣超过对数学的兴趣, 而且还在于下述奇特的经验. 我看到数学分成许多专门领域, 每一个领域都能费去我们所能有的短暂的一生","在这些学习的年代, 高等数学并未引起我很大的兴趣. 我错误地认为, 这是一个有那么多分支的领域, 一个人在它的任何一个分支中都很容易消耗掉他的全部精力. 而且由于我的无知, 我还以为对于一个物理学家来说, 只要明晰地掌握了数学基本概念以备应用, 也就很够了; 而其余的东西, 对于物理学家来说, 不过是不会有什么结果的枝节问题. 这是一个我后来才很难过地发现到的错误. 我的数学才能显然还不足以使我能够把中心的和基本的内容, 同那些没有原则重要性的表面部分区分开来". 爱因斯坦的这种心态, 在理工科学生中相当普遍.

爱因斯坦经过若干年的科学探索后坦率地承认他轻视数学是一个极大的错误. 当他创立相对论处于最紧张的时刻, 他痛苦地发现, 自己的数学知识不够用, 于是不得不回过头来花费大量精力向闵可夫斯基请教有关四维空间的数学理论, 自己温习非欧几何理论. 在创立广义相对论时, 他运用自己超群的才能将引力问题归结成了一个纯粹的数学问题, 然而他还是发现自己的数学知识不够用, 于是"我头脑中带着这个问题, 于 1921 年去找我的老同学马尔塞耳·格罗斯曼(Marcel

Grassmann,1878—1936),他是苏黎世工业大学的数学教授①". 格罗斯曼通过查阅文献很快就告诉他,关于引力问题的纯数学问题早已专门由黎曼等人解决了!

通过自己的经历,爱因斯坦深有感触地说:"在物理学中,通向更深入的基本知识的道路是同最精密的数学方法联系着的. 只是在几年独立的科学研究工作以后,我才逐渐地明白了这一点②."

说得多好啊! 只有像爱因斯坦这样思想深邃的大科学家才能真正体会到数学的巨大作用,他对数学大师们的崇敬之情,时时不由自主地流露出来. 他曾多次用到黎曼所创立的黎曼几何,认为黎曼"用纯粹数学推理的方法,得出了关于几何学和物理学不可分割的思想;70年后,这个思想实际上体现在那个把几何学同引力论融合成一个整体的广义相对论中③". 爱因斯坦的经历及感受值得每个数学教育工作者、科学家反复体会、借鉴.

今天,数学和自然科学乃至整个实在的关系又引起了人们的关注. 其中原因之一是数学发展的新特点和自然科学呈现出了新的面貌. 但是,数学与实在物理世界、与自然科学的联系却从来没有像今天这样密切.④无论数学怎样变化,自然科学如何发展,数学在自然科学教育中的作用只会加强,绝不会削弱. 电子计算机的出现及日益普及,更是加强了这种趋势.

我们从数学对自然科学、工程技术乃至国防的重要性,从数学对科学研究的重要性诸方面,反复强调了数学对推动自然科学发展的重要性. 正是由于数学在科学中有着如此的极端重要性,数学与教育尤其是与科学教育的关系才引起了全世界的广泛关注.

2.4 大学中理工科的数学教育

数学在自然科学的教育中的作用,主要通过数学课程来实现. 作为培养未来科学家、工程师的理工科数学教育,理所当然地应该十分

① 《爱因斯坦文集》,第一卷,第48页.
② 《爱因斯坦文集》,第一卷,第7页.
③ 《爱因斯坦文集》,第一卷,第208页.
④ Morris Kline:Mathematics and the Physical World,1959. New York. 该书详细地说明了各种抽象的数学理论与物理世界的关系.

受人重视.可以毫不夸大地说,理工科的数学教育质量,将直接决定科学研究人员、工程技术人员的质量.

在人们所接受的文化教育中,数学教育所占的分量最大.从进入校门开始,每个人都得接受十来年的数学教育.从小学到中学,数学一直是最主要的课程.数学成绩的好坏,一直是衡量学生水平、选拔学生的一个主要标准.各类高等学校招收新生,都要求有数学成绩.

在高等教育中,数学是最普遍、最重要的基础课.一般的,理工科专业的数学课程至少要学习一年半,此外还有不少数学类的选修课.人们几乎都明白,数学教育不仅仅只是数学知识与方法的传授,不仅仅只是学会一些基本概念,而且是思维能力与思维方法的训练.数学水平与能力,是一个人素质的重要表现.而对于理工科学生来说,数学水平与能力,更是日后工作的基本工具.

的确,数学在今日理工科教育中,占据了相当大的分量,从这个意义上说人们对其重要性有了一定的认识.那么,是否可以说,今日数学教育,尤其是理工科的数学教育状况,比较令人满意呢? 也就是说,今天的数学教育能适应科学技术的发展吗? 数学在科学教育中的作用,能够通过数学教育显示出来吗?

问题远非如此.一方面科学技术的发展、社会对数学的要求越来越高;可另一方面,却有许多人对数学越来越不感兴趣,数学教育面临着一系列的问题.柯朗在 20 世纪 50 年代对世界范围内数学教育的担忧,在今天看来仍未成为过去.他在谈到数学教育的不景气时说:"在经过了(把数学看作是人类文化组成部分)许多世纪以后,在我们这个教育已普及的时代,数学已不再被人们认为是文化的一个组成部分了.科学家们与世隔绝的研究,教师们少得可怜的热情,还有大量枯燥乏味、商业气十足的教科书和无视智力训练的教学风气,已经在教育界掀起了一股反数学的浪潮."[①]尽管这种状况有一定程度的改观,但是现状仍不容乐观.数学教育的形势,与现代科学技术发展的要求,在总体上来说,仍然不相称.

理工科的数学教育,现在已经到了非加强不可的地步.科学技术

①　见 M. Kline, Mathematics in Western Culture, p. 13.

发展的特点,社会发展的新变化,以及数学方式的不适应,从多方面使
得这一问题十分突出.

不用说理论性的基础研究,工程技术研究现在也正在越来越数学
化.不仅仅工程技术模型的提出有赖于数学化的语言,就是对由此提
炼的数学模型的深入研究,也有赖于适当的、新的数学方法,有时甚至
还有赖于待创造的数学方法.很多时候,由于理工科数学教育没有为
学生提供合适的数学知识,大大阻碍了数学在工程技术中的应用.前
面我们已经谈了很多数学在自然科学研究中的作用,那么数学在今天
工程技术研究中有什么作用呢? 一般说来,有如下一些作用:

(1)帮助加深对工程问题的物理和数学意义的认识,如对于工程
技术的稳定性的认识.

(2)数学能够为工程技术指出方向和目标.

(3)能够帮助总结在工程技术中得到的成果,把所得到的成果一
般化,从而跃上一个新的水平.

现在也有一些工程技术人员深有体会地说,如果没有扎实的数学
基础,许多工程技术问题根本无法解决.因此,现代工程技术对数学教
育提出了更高的要求.

现代科学技术正在改变着社会的面貌,在这样的社会中,聪明地
工作远比只是卖力地工作重要得多.能为这种新社会做出贡献的人,
应该是能够吸收各种新思想,具有较强的应变能力,知道如何应付各
种可能发生的情形,能察觉到各种格局和模式,能解决各种非传统问
题的工作人员.这样的种种需要,使得数学成为许多工作,尤其是工程
技术工作的先决条件.前所未有地,人们要为更好地生存而思考,人们
需要用数学培养的能力去思考.在这种新的社会中,求职的和发展的
最好机会,将属于能充满信心并有竞争能力去应付与数学、科学和技
术有关的人.作为科学、工程和技术基础的数学,是抓住这种机遇的
关键.

然而,今天的理工科数学教育却远不能适应这种要求.许多工程
技术类学校的数学教育,甚至理科类的数学教育,还停留在百余年前
的水平.实际应用更差,特别害怕给实际问题建立数学模型,甚至平常
书本上的"应用题"拿在手中也心里发怵,更不要说将科学理论数学

化,为工程技术问题进行数学分析了.

更有甚者,理工科的数学教育尚未得到有关部门和有关人士的重视,可以说,远比中小学数学教育受的重视少得多.数学课程内容更新十分缓慢.大多数理工科的数学教育,甚至仅仅要求是为现有的专业课教学铺路.这样下去,如何能发展现代科学技术.

不仅这些问题提出了加强理工科数学教育的要求,而且随着电子计算机进入科学技术和工程领域,又使理工科的数学教育面临着新的问题.

理工科数学教育的一个重要问题,是教学生会算(当然,定性的分析也很重要,但大部分定性分析也要归结为算),即能从给定的问题中求解,其中主要是数值解.今天,这种算的问题,已经不是用手算,而是用电子计算机做了.将烦琐、复杂的计算问题,交给机器完成,这是人类多少世纪以来的梦想,现在终于成了现实.那么,应该如何使理工科数学教育适应这种新的形势呢?

实际上,正如有人指出的那样,理工科数学教育不能适应电子计算机时代,很大程度上是历史发展引起的.许多数学课程是 20 世纪初设计的,那时根本没有计算机.今天,应该要至少使理工科数学教育在与计算机有关的方面,做到这样两条:

(1)会用并掌握电子计算机.

(2)能理解电子计算机给出的答案,也就是说要能从宏观上认识科学、工程技术问题的数学性质.

这两条是一位物理学家提出来的,我们认为这代表着理工科数学教育的一个目标.

理工科数学教育中大力加强电子计算机的作用,还牵涉到科研经费的问题,这使得数学产生了巨大的经济效益.一般人都知道,诸如桥梁设计、卫星发射等研究,不可能在研究中每次都做实验.只有数学、计算机与具体技术的结合,才能在任何时候都能从事"卫星发射".这样就大大节省了经费.这就是所谓的"计算机实验".现在许多科技人员、工程技术人员所从事的正是这种实验.

数学自身的发展特点,也提出了加强理工科数学教育的要求.现代数学,一方面是分支越来越细,越来越深,另一方面其综合趋势也在加强,数学各个分支间的渗透也在日益加强.仅仅了解某一数学分支的专业知识已很难在应用数学于科学、工程技术方面做出突出成就.因此具备数学的综合基础能力已变得越来越重要,这对于当今的重大科学突破尤其具有意义.可以看到,今天数学与科学研究的渗透又在加强.如 1990 年的四位菲尔茨奖获得者中,有三位数学家的工作都与理论物理研究有关.

数学与物理学的这种紧密联系,并非始自今日,而是一种数学与自然科学的相互关系.它们有时分别独立地发展,有时紧密地结合在一起.因此,培养未来的科学家,良好的数学教育必不可少.否则,连现代科学技术文献都难以看懂.因此,即使是从学习先进科学技术这个角度看,理工科数学教育也必须大力加强.

那么,应该怎样大力加强理工科的数学教育,使之与现代科学技术发展相适应呢?这是一个十分重大的问题,它所涉及的方面远非只是数学与教育的关系,而是包括社会的价值取向、人才培养目标、国家科技发展战略在内的诸多方面的协调关系.尽管如此,我们依然认为,从数学教育本身着手,对改革理工科的数学教育依然有一定作用.

首先,要有更多的人积极关注、参与理工科的数学教育,提高教育质量,并且使大学阶段的数学教育与中小学教育协调一致.许多尝试值得我们认真借鉴.如美国著名的数学家、数学教育家 G. 波利亚(G. Pòlya,1887—1985)为了提高数学教育质量,写下了许多著名的科普著作,旨在提高人们学习数学的兴趣、提高数学教育的质量.如《怎样解题》①《数学的发现》《数学和猜想》《数学分析中的问题和定理》等许多著作,备受数学界赞赏."波利亚的风格""波利亚的方法"几乎成了数学教师的专门术语.不仅如此,他还深入大、中小学课堂,亲自进行教学②,令人十分感动.他的行动已被当今数学界许多人士效仿.中国已故著名数学家华罗庚教授生前也十分关注数学教育,不仅长期担任大学基础课教学,而且经常辅导中学生的课外数学活动,写了不少深受青少年喜爱的数学普及读物,为推动中国的数学事业、数学教育事

---

①　英文名称:How to Solve It.该书已被翻译成阿拉伯文、荷兰文、中文、法文、德文、希伯来文、匈牙利文、意大利文、日文、波兰文、葡萄牙文、罗马尼亚文、俄文等几十种文字.

②　图片详见:Teaching Teachers,Teaching Students—Reflections on Mathematics Education,p. 71-76,1981,Boston.

业的发展做出了很大的贡献.事实上,数学研究和数学教育从来都是紧密地联系着的.由于数学与科学各个领域相互渗透,因此大力加强理工科数学教育,对于数学发展与科学发展都十分有利.

其次,必须有一个向前看的理工科数学教育计划,尤其是这样的计划必须与中小学数学教学计划密切配合.中小学和大学的相互作用必须一致,同时大学的教师对将来会成为中小学教师的学生,他们将来教什么、怎样去教有着重大的影响,因此需要这种协调配合.理工科数学教育是从中学到科研工作的桥梁,意义非常重大.以往数学教育改革的重点是中学数学教育,现在我们应使大学数学成为整个数学教育改革的关键.

当然,理工科数学教育最重要的还是教学改革.一方面,为了适应现代科技发展,教学内容的改革自是不言而喻.以前,工科院校的基础是力学、电路,数学课程主要是微积分、微分方程.而在今天,工程数学至少也应再增加线性代数、概率统计、复变函数、群论基础等.理科的数学课程更应增加一些新的数学方法、理论.

由于计算机的出现和日益进入科学技术领域,数学在工程中主要由间接的应用已开始部分转为直接的应用,这方面主要是因为数值模拟已成为工程中强有力的手段.由此带来的理工科数学课程的变化是,注重"离散数学"的教学,有相当部分的工科院校已把"离散数学"作为数学基础课,与"微积分"并重①.当前,如何把一些直接为工程服务的数学内容,组织成有特色的基础课,是理工科数学教育改革的方向之一.

千万不要误会,以为理工科数学教育就是数学课程的教学.实际上,加强理工科数学教育的一个重要方面,是在理工科的专业课中加强数学处理的手段和方法.应该说,这是理工科数学教育的核心和关键所在.早在18—19世纪,力学就已经数学化,理论力学自身就体现着十分高深的数学.今日的相对论、量子力学、电动力学、电磁学等内容,本身已离不开一些相当深入的数学理论与方法.理科的专业课由于长期的传统,已在一定程度上接触到了这个核心问题.

---

① 冯·诺伊曼曾预言,力学的发展曾促使连续数学在数学中占统治地位,而计算机科学的发展,将使离散数学重新在数学中占主导地位.我们认为,此话有一定道理.

现在许多工科的专业课也必须考虑这样的问题.如 1974 年,苏联莫斯科大学出版社,出版了阿诺德(Aphoльдa)写的一本力学讲义《古典力学的数学基础》①,将力学用流形上的微积分来处理,这样就把许多问题大大简化了.用微分流形来描写电路也同样被用于工科教学了.因此,我们看到,工科的专业基础课与数学的结合,也是数学教育的一个重要内容.

理工科数学教育,关键是培养学生的数学素质与能力,使之适应未来科技发展的需要.通过教学,应该使理工科学生有这样几方面的能力:

(1)数学形式化的能力.具体一些就是将实际问题数学化,进一步使数学算法形式化.

(2)应用数学语言的能力.使学生有简洁地描写复杂现象的能力,使学生可以用通行的数学语言在学术界进行交流.也就是说,通过数学教学,使学生的思维有序化,有条不紊.

(3)抽象类比的能力.在研究复杂的问题时,能抓住问题的关键所在,抽象出主要的因素关系,构造出数学模型,进而归结为一个求解的问题.

(4)利用电子计算机驾驭大批数据的能力.科学技术、工程设计中许多非常复杂的问题,都可以变成许多数据,对这些数据进行处理,在电子计算机已经日益普及的时代,是理工科学生应具备的基本能力.

数学,在科学技术中具有极大的重要性.当今社会的生存、发展与繁荣靠科学技术,科学技术的发展则与数学密切相关.我们应该充分认识到数学的这种重要性,大力加强理工科数学教育改革.在培养未来科技工作者的教育中,让数学发挥更大的作用.

---

① 这本讲义不仅对理工科特别重要,就是对纯数学也很重要.20 世纪 80 年代,北京大学数学系就曾专门组织过《古典力学的数学基础》讨论班,让数学系教师、研究生学习并研究该书的内容、方法及思想.

三 数学与社会科学及其他学科的关系

在前一章我们比较详细地谈了数学与自然科学的关系以及数学在自然科学中的应用,我们也指出了数学对自然科学发展的推动作用.其实,数学影响的范围绝不限于自然科学.社会科学中也有不少学科用到了数学,而且随着社会科学中一些学科研究的深入,用到的数学愈来愈多,同时数学反过来对它们的影响也日益增大.这并不奇怪,社会科学一般说来是研究人类在自然界与社会中活动的各个方面的问题.前面我们指出过,数学是研究数量关系的,或者说,数学是研究秩序的.社会科学中当然有数量关系的问题或者也有秩序的问题,从这个侧面来看,数学自然也可以起作用.再扩大点看,在自然科学与社会科学之外许多其他学科,在所研究的问题中也会有数量关系,因而就与数学有关.很早人们就发现,音乐中声音频率之间有一定的数量关系,在绘画中物体的大小和位置之间也有一定的几何关系等,这些可以说都是数学问题.近年来,人们甚至发现,历史学、考古学、语言学、文学这些学科中都可能用数学方法来解决一些问题,这表明数学也与它们有关.本章不可能方方面面都谈到,只能举例讲些数学的应用,让读者对数学涉及面之广有个大体的理解.

3.1 早期社会科学中应用数学方法的尝试

利用数学方法处理社会科学中的问题,这一思想非常早,即使只考虑近代也是如此.近代在这方面第一个取得成功的是约翰·古奥特(John Graunt,1620—1674),他于1662年发表了人口学中的第一张死亡率表,这张死亡率表对于数学在社会科学中的应用具有开创性的意义,因为这是统计方法——当然是一种数学方法——在社会科学中首次成功应用的实例①.

　　古奥特是一位英国服装、杂货商.16—17 世纪时,欧洲各种瘟疫流行,人们都以十分关切的心情注视着政府公布的各种死亡表.开始,古奥特作为消遣在业余时间研究英国城市的死亡统计表.他注意到,各种疾病、自杀和五花八门的事故所导致的死亡的百分比大致是不变的,但传染病死亡所占的比例波动较大.这些结论从表面上看来似乎只是一种偶然现象,但从中却可以发现许多惊人的规律性.通过研究人口出生情况,他得出了一系列社会学规律,如男婴出生的比例略高于女婴,但由于男人受到许多职业的危害及参加战争,男性死亡多于女性,因此适婚男人的数目大约等于女人的数目,所以一夫一妻制必定是婚姻的自然形式.

　　1661—1662 年,古奥特出版了其研究成果:《对死亡表的自然观察和政治观察》.到 1676 年,15 年之内该书再版了 5 次.这部书被统计学家们称为"真正统计科学的肇端".他已认识到大量进行观察的重要性,认为为了找到社会中的规律,需要进行多年的多次观察.同时,他批判地整理和运用统计资料,采用各种方法进行间接计算,相互印证.最后,他的目的是让统计学成为国家的重要管理工具.古奥特用数学方法成功地提出、论证了社会理论,使人们看到了数学应用于社会科学的可能性.

　　英国著名的天文学家、牛顿的挚友(曾帮助牛顿整理出版了《自然哲学的数学原理》)哈雷(E. Halley,1656—1742)利用数学方法,根据古奥特的研究成果,创立了人口统计理论的基础.由 1687—1691 年英国勃瑞斯劳(Breslau)城出生和死亡统计表,哈雷写出了著名的论文:《根据勃瑞斯劳城出生、死亡统计表做出的人类死亡率估计》,于 1693 年发表在英国皇家学会《哲学学报》上,其中包括著名的"哈雷生命表"(Halley's Table)②.这是按年龄构成编制的人口统计表,利用它可以解决许多问题,因而为政府、社会的许多部门提供了决策的可靠依据.如可以计算出应服役的人数,当时勃瑞斯劳城共有 3.4 万人,其中约

①　M. Kline：Mathematics in Western Culture,p. 387.
②　E. Halley,First Life Insurance Tables,(载 J. R. Newmanled),The World of Mathematics,Vol,3,p. 1437-1451. New York,1956.

有 1.8 万人在 18—56 岁,因此至少有 9000 人是可以服役的男人.在人寿保险方面,哈雷做出的贡献很大.1663 年,他第一次为政府制定了退休者的终身年金,在科学史上传为佳话.英国人寿保险公司曾经根据"哈雷生命表"计算出了保险费.今天,保险费的计算从理论上来说都源于哈雷的思想.

17 世纪威廉・配第(William Petty,1623—1687)的工作,把数学应用于社会科学这一思想推进到了新的境地.首先,在指导思想方面,他认为,社会科学必须像自然科学一样定量化.他在论述自己的医学、数学、政治学、经济学的著作时,强调指出,"我利用的方法是很不一般的;因为我不是仅仅利用相当多的夸夸其谈的词汇,富丽堂皇的结论,我采取的方法……是用数字、重量、测量的结果来表示;仅仅利用感觉的论据,仅仅考虑一些自然界中随处可见的原因[1]."他给统计学这门当时刚刚萌芽的学科命名为"政治算术"(Political Arithmetic),定义为"对与政府相关的事情利用数学推理的艺术",强调在社会科学中利用数学方法,他甚至坚持认为,政治学、经济学都是统计学的分支.社会科学必须利用数学语言,才会真正成为科学.

配第创立"政治算术",是为了给当时在政治、军事、经济上都处于劣势[2]的英国资产阶级打气,论证英格兰的状况并非处于可悲的状态.在他看来,政治算术是用"数量、重量、尺度"来对国家的状况进行"政治解剖",是一种对国家有益的"政治医学".他广泛地运用统计数字、各种数量关系来分析政治、社会、经济生活.经过统计研究,配第指出,在财富和力量——国力方面,问题的关键不在于一个国家的自然面积和人口的自然数量,而主要在于土地的肥沃程度、地势、地理位置、人民的文化和技术水平,使用机械的程度,以及社会的劳动生产率.通过对这些方面的统计剖析,配第论证了英国完全可以战胜荷兰和法国,进而可以取得世界霸权.历史事实证明,这一种"政治算术"的方法十分有效.

实际上,配第所创立的"政治算术"是今天许多社会科学学科的先

---

[1]　威廉・配第,《政治算术》,第 8 页,陈冬野译.商务印书馆,1960 年.引用时核对英文原文略有文字上的改动.
[2]　当时英国与荷兰的三次战争(1652—1654,1664—1667,1672—1674)使英国大伤元气,士气低落,法国也对英国构成了强大威胁;英国国内则瘟疫流行.

驱.马克思在《政治经济学批判》中指出："政治算术——这是政治经济学作为独立科学而分出来时的最初形式.""我所说的古典政治经济学,是指从威廉·配第以来的一切这样的经济学,这种经济学与庸俗经济学相反,研究了资产阶级生产关系的内部联系①."

19世纪60年代以后,政治算术的许多研究方向都发展成了相对独立的学科,它本身却逐渐衰微以致最后消失了,完成了其历史使命.今天,诞生于政治算术的政治经济学、社会学、人口学、社会保险理论等科学,都已成为社会科学的重要组成部分.

孔德(A.Comte,1798—1857),这位实证主义的开山祖师,对于数学应用于社会科学也起了一定的作用.在西方社会学史上,他被称为"社会学之父",而孔德的社会学是一门包罗一切社会知识的学说体系——他直接称之为"社会科学".孔德对于社会学的巨大贡献之一就是把社会学作为一门独立的实证科学建立起来了.在他看来,以往的百科全书式的科学体系,只是对自然科学加以分类和整理.但是,这一体系从未把社会科学作为实证科学的一个部门,纳入科学体系中去,致使以往的科学体系都是不完整的.他感到,要建立一个真正的统一的百科全书式的体系,必须把社会现象作为不可避免地遵循那赖以进行合理预见的真正的自然规律的东西来把握,使之以观察为基础,成为一门关于人类社会的实证科学.

孔德认为,人类社会是自然界的一部分,因此对人类社会进行研究的实证科学——社会科学,与对自然界的研究——自然科学有着密切关系.因此,自然科学的基础——数学,同样也应是社会科学的基础.所以,在孔德的科学体系中,数学应用于社会科学是理所当然的.我们还可以从孔德的科学分类表中十分清楚地认识到他的这种思想②.(表中箭头表示发展顺序)

孔德对数学推崇备至,认为一切种类的现象都遵循数学的规律.在他看来,数学的研究对象是数量之间的种种直接或间接的度量关系,目的在于按照数量之间所存在的种种客观关系去决定它们的相对大小;从事数学研究的具体目的,是为了去发现和表述那些待研究的

①　马克思,《政治经济学批判》,第26页,人民出版社,1955年.
②　转引自欧力同:《孔德及其实证主义》,第87页,上海社会科学院出版社,1987年.

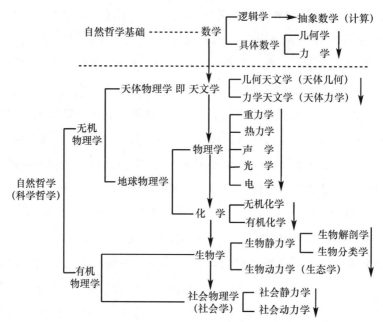

现象之间的种种数学规律的方程,这些方程是从某些已知量去获得另一些未知量的种种演算的起点.因此,孔德认为数学的作用完全不局限于自然科学,而是适用于所有科学.不仅如此,他还认为数学是人们探求各种现象之规律性的最强有力的工具,数学为一切科学提供基本方法,是所有科学的真正的起源,因而数学位于科学发展序列的起点.所以,他高度重视数学在教育中的作用,指出几何与机械现象是最普遍、最简单和最抽象的,学习任何东西必不可少的第一步是学习数学.数学在科学中的等级必然是最上层的,并且不论对普通教育还是专门教育来说,数学教育乃是任何教育的起点.他还进一步指出,只有通过数学,我们才能彻底了解科学的精髓;只有在数学中,我们才能发现科学规律的高度简洁性、严格性和抽象性.任何科学教育,如果不以数学作为出发点,则其基础势必有所缺陷.

的确,孔德的整个实证科学的落脚点最终是社会科学,因而数学也成了实证的社会科学的基础.我们认为,孔德将社会科学确立为实证科学,其要点之一就是强调了数学与社会科学的紧密关系,这一点对于数学与社会科学都具有重大意义.

尽管有诸如上述思想家的理论及先驱者们成功的经验,但直到19世纪,社会科学中应用数学的程度还是非常有限的.数学家和物理学家所用的方法可以简单地说成是先验的(apriori)和演绎的,但是这两种方法对于社会科学学者来说基本上是无用的,因为社会科学学者研究的现象十分复杂.如考察一定时期内国家的发展状况,这一问题涉及自然资源、劳动力供给、可利用资本、外贸、战争与和平状况、人们的心理因素等.如果社会科学学者试图通过假设某些相关因素而简化这一问题,那么就很可能使这个问题变得不真实,用不了多久,就与实际情形毫不相关了.

先验的、演绎的方法不能应用于社会问题,还与 19 世纪的社会状况有关.工业革命极大地刺激了生产的发展,带来了大规模的工厂生产,导致了都市人口激增,由此产生了一大批与人口增长相关的社会问题.在大企业中,面临着失业、商品的大量生产和消费、保险等问题.在拥挤的地区,由于不卫生的居住条件,导致疾病的传染、流行.这些问题一股脑儿压在社会学者的肩上,而且出现的速度非常之快.即使他们能够利用先验的、演绎的方法解决这些问题,但是解决这些问题所需要的时间也比产生这些问题的时间多得多.像哥白尼、开普勒、伽利略、牛顿这样聪明绝顶的天才,他们利用这种方法花了一百多年的时间才创立出运动定律、引力定律.时不待我,指望在社会领域内产生更快的结果是不现实的,也是不可能的.

不能利用先验的、演绎的方法,能不能想其他的办法呢?如果我们不能了解降雨是如何对蔬菜生长起作用的,那么让我们测量作用的结果是怎样的;如果不知道接种疫苗为什么会防止死亡,那么将实际结果列成表;如果不能彻底了解国家发展的复杂状态,那么列出一张适当的表画出其兴衰;如果不能理解植物、动物和人类的遗传机制,让我们重新产生这个种,记录后一代再现的情况,让整个世界成为我们的实验室里发生的情况.于是,统计方法受到了人们的高度重视.

统计方法,由于吉布斯(Gibbs)的工作,成了一种越来越重要的方法.统计方法与从赌博中产生的概率论相结合,在 19 世纪获得了长足的发展,并进而补充传统的决定论思想.概率方法、统计方法上升为日益重要的数学方法,为数学应用于社会科学提出了新的领域.

组合数学的进展,微分方程稳定性理论的发展,线性代数中矩阵理论的发展,为数学研究社会问题准备了必要的基础.

尤为重要的是,经济学、人口学等社会学科在 19 世纪出现了应用数学的思潮.我们认为,只有当这些社会学科从自己发展的现实出发,从内部提出运用数学方法的必要,才是数学得以和社会科学结合的关键.

进入 20 世纪后,条件更加成熟了.社会科学学者自觉地在研究中运用数学,一大批数学家自觉地以社会科学的量的方面作为研究对象,数学在社会科学方面的应用已经全面展开.经典的分析技巧已经在经济学诸领域得到了广泛应用.计算机得到广泛应用以来,计算机模拟技术已发展起来以补充经典数学.社会学、行为学、现代认知心理学的许多理论已开始可能用计算机程序的形式加以表述,经济学、管理学更是数学的用武之地.计算机的快速运算已经使得处理复杂的社会问题成为可能.因此社会科学和数学的结合进入了一个新的时期.

人们至此已经认识到,社会科学的研究必须进入定量化,某些研究对象可以建立适当的数学模型,而这两方面正是数学的研究对象.因此数学完全有可能而且应该应用于社会科学,这种可能性很快就转化成了现实,各种数学与社会科学交叉而产生的新学科如雨后春笋.数学心理学、人口统计学、统计心理学等,为传统的社会科学研究开辟了新的领域.

数学应用于社会科学,不仅促进了社会科学的发展,而且大大改变了数学的特征.以前,人们认为数学只是自然科学的语言和工具,现在数学成了所有科学——自然科学、社会科学、管理科学等的工具和语言.这样,数学就真正成了一门与哲学、自然科学、社会科学并驾齐驱的学科了.数学化,不仅仅是自然科学发展的趋势,而且是所有科学发展的趋势;不仅仅科学数学化,而且出现了社会科学数学化.在这种情况下,加强数学教育就成了当务之急,数学的教育作用也就更加突出了.数学的发展,社会科学的发展,使得数学与社会科学的结合由可能变成了现实.由此,人们对数学在教育中作用的认识也进入了一个更高的层次.

3.2 数学在经济学中的应用

没有诺贝尔数学奖,这不能不使许多人感到有些遗憾.但是苏联数学家康托罗维奇(Канторович,1912—1986)1975 年却获得了诺贝尔奖,当然,这不是数学奖,而是经济学奖.但是得奖的原因却是他出色的数学成就——由于在线性规划理论中的卓越贡献!

在社会科学诸学科中,运用数学最早、迄今为止最成功的是经济学.

经济学研究商品、价格、需求、供给、利润等范畴,所有这些都以量的形式表现出来.理所当然地,经济学领域最先想到需要采取定量的方法.

随着西欧社会逐渐走向工业化,商品经济日趋发达,生产、供应、销售呈现复杂的关系,使得凭经验和直觉已不能适应形势.经济学家就想到了在研究某些经济问题时采用数学方法.他们给自己拟定了利用数学方法研究经济学的目标:首先的目标是找到决定某一特殊经济现象的公式,如商品供给和价格的公式;其次的目标是运用已得到的公式和数学技巧以推导出一定的具有实用价值的结论.这种努力在19世纪获得了意想不到的成功.

19 世纪 30 年代出现了大量应用数学方法研究经济理论的学者,法国经济学家古诺(A. Cournot)是其中最著名的代表.1838 年他发表的《财富理论的数学原理的研究》($Researches\ into\ the\ Mathematical\ Principles\ of\ the\ Theory\ of\ Wealth$)标志着数理经济学派的兴起.在这部著作中,古诺认为某些经济范畴,如需求、供给和价格等都具有函数关系,因此可以用一些数学函数 $y = f(x)$ 来表示市场中的一些关系,这些函数表示出来的就是经济规律.也就是说,经济规律可以用数学术语、数学公式来表示.他试图对许多经济问题,如垄断、竞争等提供数学上的解答.

古诺的工作在当时并没有立刻引起强烈反响.1871 年英国学者杰文斯(W. S. Jevons)出版《经济学理论》后,古诺用数学方法研究经济学的数理经济学派才引起人们的兴趣.几乎与此同时,法国人瓦尔拉(Leon Walras)开创了经济学中的边际效用学派,强调用数学方法研究经济问题,如用数学方法说明商品的平衡价格,用导数 $f'(x) = \dfrac{\mathrm{d}f(x)}{\mathrm{d}x}$ 表示边际效用概念.在他们的影响下,应用数学方法研究经济问题的人日渐增多,研究的问题也日益深入.随后,经过经济学家巴瑞托(V. Pareto)的工作,数理经济学派终于形成.

1895 年,巴瑞托提出了一个社会收入分布公式:

$$N = AX^m$$

此处 N 表示具有收入等于和高于任意给定量 X 的人的数目,A、m 是两个常数,依据于从不同地区中收集到的数据.他发现,m 在每个地区的值大致相同,约为 -1.5.巴瑞托提出的这个分布公式适用于广大地区,经济学家们都认为这一点具有深远的意义.这个分布公式的有效性使巴瑞托得出结论,认为在经济结构不同但人口的自然数量分布相同的国家,存在着相同的收入分布定律 $N = AX^{-1.5}$.因此,在商品经济充分发达的国家中,社会发展的趋势并不是越来越多的人收入减少,而是中产阶级会日趋增多.许多国家的发展,尤其是欧美国家的发展表明,这一结论是站得住脚的.

从 19 世纪 70 年代开始,数学方法在经济学发展中起着越来越重要的作用.这一时期,人们开始认识到应用数学于经济学也必须选择一些最本质的经济量,从观察中找出这些经济量之间的关系,然后再进行研究.两位美国经济学家曾成功地进行过人口问题的研究.

首先,他们提出三条基本公理作为出发点:

a.物质条件规定了一个地区或国家人口的最高限度;

b.人口增长率与现有人口成正比;

c.人口增长率与人口增长的可能性成正比.

他们根据上述假设,推导出了一个经验公式.以此公式为基础,人们得出了关于美国人口增长数目的预测.实际调查表明,预测的理论值与实际人口的数目差距较小.

数学,尤其是统计学应用于经济学的成功,推动了数理经济学的发展.在数理经济学的成果基础之上,1930 年一批经济学家组成了"经济计量学会",并于 1933 年发行《经济计量学》杂志.经济计量学(Econometrics)一词则是弗瑞希(R. Frisch)于 1926 年仿照生物计量学(biometrics)一词提出来的.人们一般把经济计量学看作"经济理论、数学和统计学的结合".

经济计量学涉及微观经济学和宏观经济学,其研究方法一般包括以下四个步骤:

（1）制定模型.

（2）估算参数.

（3）检验理论.

（4）使用模型.

经济计量学利用这些研究方法可以成功地进行市场需求分析、国民收入及其有关总量的计量分析、投入产出分析等.因为这样,经济计量学现在已成为经济学科中的重要理论,而为了掌握这门学科,数学知识的教育就成为必不可少的了.

数学应用于经济学,并不意味着简单地将数学中的公式、定理、结论照搬,而是需要进行创造性的研究.正是在这样的意义下,经济学成了数学家、经济学家共同创造的领地.实际上,现今的经济学是应用数学的一个分支,经济学中的许多方法,如线性规划、最优化理论,都是新创造的数学理论.

康托罗维奇于 1939 年出版了《生产组织与计划的数学方法》,提出了线性规划的重要方法之一——解乘数法.这种方法是在数学中求多元函数极值的拉格朗日乘数法的基础上而提出来的,在求解问题时可以把这一方法作为辅助手段.1959 年,他又出版了《资源最优利用的经济计量》一书,系统地阐述了线性规划在经济中尤其是在管理中的应用.1975 年,康托罗维奇在诺贝尔经济奖授奖大会上作了题为《数学在经济中的应用、成就、困难、前景》的讲演,指出为了提高计划的质量和精确性,人们自然而然地产生了更加广泛地应用数学（数量）方法的想法.尽管在经济中应用数学还存在这样或那样的困难,但他对数学在经济中的应用前景充满信心.

目前运用最广泛的多维线性最优化模型,在经济学中的应用范围,丝毫也不亚于著名的拉格朗日方程在力学中的应用.经济学中寻求最优计划的任务——选择能满足现有资源和计划任务两种约束条件的集约型生产方式的任务,可以归结为这样的数学问题:使满足线性约束条件的变量的线性函数达到最大值.而这一类的数学问题由于计算机的使用,已经不难解决,所以经济学中的数学方法已引起了人们越来越强烈的兴趣.

利用数学方法建立、研究经济模型,能使这些模型具有能广泛和

多方面应用的性质,并且还具有如下特点:

(1)多面性和灵活性——能广泛适用于多种经济情况.

(2)简单和通俗——所需要的数学知识只涉及线性代数知识、多变量微积分学.

(3)计算的效率高——可以利用逐步改善计算法和解乘数法,采用电子计算机,解决十分繁重、复杂的经济问题.

将数学应用于经济学,不仅能定量地解决许多经济学中以往令人头痛的定量问题,而且还能解决一些由来已久的严肃的政治经济学问题.我们曾提到公式 $N = AX^m$ 回答了商品经济中的收入问题,近年来采用数学方法进行经济分析得出了一些重要的结论.在这方面著名的是"不可能性定理":不存在这样的社会财富的总的度量,它同时满足某一组十分合理的假设(如所选择的互不干扰量的相容性、传递性、独立性等).这意味着,通货膨胀的抑制、物价稳定、进出口贸易平衡、充分就业、工资福利提高等方面同时都达到是难以实现的.

因此,经济学中采用数学方法具有很大的潜力.边际效用理论、线性规划都是其发展的结果.随着经济学的发展,数学教育将会显得日益重要.

3.3 数理语言学——数学在语言学中的应用

数理语言学(Mathematical Linguistics),是研究关于语言性质的精确形式的特征化以及适合于这些语言的各种语法的学科.它是用数学思想和数学方法研究语言现象的一门新兴的边缘性学科.这门新兴的边缘性学科的产生及其发展,标志着数学(主要是可计算性理论)、人工智能在语言学中产生了巨大的作用,为数学在其他科学中的应用树立了一个成功的榜样.

任何一种人类语言以及其他在理论上有意义的通信系统都具有两个主要特征:

(1)无界性——在某一种无界的范围内可以形成任意长的、复杂的句子.有人曾开玩笑说,阅读康德的著作手指头不够用,用一个手指按住一个从句,十个指头用完了,可一个句子还没完.不仅康德,许多人也有写长句的习惯.从理论上说,一个句子可以造得任意长.

(2)有限规律性——不论多么复杂的句子,都必须通过重复应用一定的语法规则,从人类所能掌握的字库中构造出来.语言学的数学问题,就是讨论无界语言的有限规定性的性质.

利用数学的思想和方法研究语言学,在19世纪就已经有人在进行了.例如,俄国数学家布里亚柯夫斯基(В. Я. Вуняковский)提出,可以用概率论进行语法、词源及语言历史比较的研究.瑞士语言学家索绪尔(D. Saussure)在1894年指出,在基本性质方面,语言中的量和量之间的关系可以用数学公式有规律地表达出来.1916年他还指出,语言学好比一个几何系统,可以归结为一系列待证的定理.波兰语言学家古尔特内(B. D. Courtenay)在20世纪初就表示相信,语言学将根据数学的模式,一方面更多地扩展量的概念,另一方面将发展新的演绎思想的方法,从而将日益接近精密科学.他因而坚决主张语言学家不仅应该掌握初等数学,而且还要掌握高深的数学知识.1933年,著名的美国心理学家布龙菲尔德(L. Bloomfield)提出,数学不过是语言所能达到的最高境界.不仅如此,著名的俄国数学家、在概率论中享有盛名的马尔可夫(А. А. Марков)甚至利用概率方法具体地研究过文学著作中出现的俄语元音、辅音字母的序列.

尽管上述思想没有对语言学产生显著的影响,但是,作为人类语言学发展的方向,这些思想揭示了语言学发展的新方向,在数理语言学发展史上具有重要作用.

真正促使数理语言学产生并蓬勃发展的,是20世纪以来数学、科学技术的发展及社会的变革.

科技发展日新月异的标志之一是所谓"文献爆炸".面对浩如烟海的各种科技文献,人们不得不花费大量的精力来从事文献检索、翻译工作,因此科研工作的效率大受影响.与此同时,随着通信、交通的日趋完善与发达,国际交往日益扩大、频繁,各种国际事务增多,人类的语言障碍就显得益发突出了.

电子计算机的发明与应用,给解决上述困难带来了希望.在20世纪50年代,人们考虑将文献检索、翻译这样一些烦琐的工作交给计算机去做,于是提出了机器识别、机器自动检索文献、机器翻译等一系列信息加工问题.在这些问题中,牵涉到计算机如何翻译这样一个难点.

人们发现,在用计算机将一种语言 A 翻译为另一种语言 B 时,不仅要确定语言 A 中每个词在语言 B 中的对应词,还要分析语言 A 的句子结构和语义结构,把翻译出来的词作某种变化,并按照语言 B 的结构把它们配置起来.要做到这一连串的事情,就必须使计算机能自动地分析和综合句子.任何问题要用计算机来自动解决,必须使该问题所涉及的现象能够用数学语言来描述,也就是使问题"数学化""形式化".

我们看到,为了能让计算机进行文献自动检索、语言翻译,必须对古老的语言学中的各种概念用数学的方法进行严格的分析,建立起语言的数学模型,采用数学语言来描写语言现象.同时,计算机自身的发展,如用自然语言来进行"人-机对话",通信技术中信息的传载,等等,也提出了用数学研究语言学的迫切要求.

同时,19 世纪以来,数学的蓬勃发展也为用数学研究语言提供了一系列的理论、方法与思想.概率论、统计理论、集合论、数理逻辑、群论、图论、格论、抽象代数、信息论等,都为用数学思想和方法研究语言提供了有力的武器.一门新的学科,当有了实际的需要,同时又有了适当的理论准备时,那么,这门学科的诞生乃情理之中的事情.

科技与社会发展的要求,计算机科学的迅速发展,数学的有力帮助,此外还有计算机科学与语言学的日益接近和相互渗透,以及人工智能理论的出现,在 20 世纪 50 年代初期,作为数学与古老语言学结晶的数理语言学终于诞生了.在数理语言学的发展过程中,索绪尔和美国数理语言学家乔姆斯基(N. Chomsky,1928—)做出了杰出贡献.1956 年,乔姆斯基开始用数学方法研究人类通信语言的形式性质,他把语言简化成一些符号和一组语法规则 G.由规则 G 生成的所有符号串的集合就叫一个语言 $L(G)$,并且根据语法 G 的复杂情况分成 0 型,1 型,2 型,3 型文法.以乔姆斯基的工作为基础,后来发展出了第一个具有严格理论基础的、用形式语法规则描述的计算机程序语言——ALGOL60.从此,计算机语言研究开始成为一门科学,并出现了形式语言理论与计算机语言理论.在数理语言学发展中,罗素、怀特海、图灵等人的工作也起了重要作用.

数理语言学主要包括:代数语言学(Algebraic Linguistics)、统计语言学（Statistical Linguistics）和应用数理语言学（Applied-mathematical Linguistics）.其中,代数语言学和统计语言学是数理语言学中的基础理论部分.而应用数理语言学则是代数语言学、统计语言学在自动翻译、自动情报检索和人机对话中的应用.

代数语言学所取得的主要成果有形式文法、转换文法、自动机、语言的集合论模型、句法类型演算、蒙太格文法——一种关于自然语言的逻辑分析的方法,这些成就奠定了数理语言学的基础,同时也为传统语言学的研究开辟了新的方向.

统计语言学采用概率论、数理统计等理论并借助于电子计算机,研究语言成分出现的频率和概率,从而揭示出语言的规律.20世纪70年代以来,统计语言学由于令人信服地解决了文化史上的一系列难题,因而使得数理语言学声誉大震.下面,我们来看看数理统计学取得的一系列令人瞩目的成就,这些成就具有较高的学术价值.

1959年,乔姆斯基为了寻求诸如英语、法语、德语等自然语言的合理的数学模型,提出了"上下文无关语言"的概念.人们进而发展出了"上下文无关语言的数学理论".①今天,这种理论对于语言学研究、计算机病毒的研究都具有重要意义.

一个人要掌握多少词汇量(汉语中就是认识多少字)才能进行阅读?为了掌握这些字词,应该怎样安排学习?如何确定基本词汇,一般词汇,以及如何编写语言教材?这些问题在相当长一段时间,是凭经验确定的.现在,利用统计语言学,对语言成分进行统计研究,可以科学地解决这些问题.在这方面的工作,主要是频率词典的编写和弄清词的序号分布规律.

频率词典主要是对每个词,统计它的每一个意义的频率.如维斯特(M. West)于1953年编写了《通用英语词表》,收集了最常用的2 000个英语单词,对每个单词统计了其频率.如他统计"game"这个多义词的各种意义是这样的:①开玩笑(9%);②赛足球、游戏(38%);③田径比赛(8%)……这种频率词典对于认识多义词的语义分布极有帮助.在20世纪上半叶,我国的陈鹤琴先生经过两年艰苦工作,从

---

① ［美］西摩·金诗伯格,《上下文无关语言的数学理论》,陈办行译,山东大学出版社,1986年.

554 478 个字中,分析得出了 4 261 个单字,对这些字编撰了第一步汉语频率字典.有了计算机以后,人们可以编出更准确、更完备的频率词典.

词的序号分布规律是在频率词典基础上发展而来的.

假设有一段包含 N(N 充分大)个词的文句,按这些词在文句中出现的绝对频率 n 递减的顺序,把它们排列起来,并且按自然顺序从 1(绝对频率最大的词)到 L(绝对频率最小的词)编上序号.在频率词典中,词的出现频率(n)与词的序号是两个最重要的参数,它们刻画了一个词在词表(词典)中的性质、地位,因此人们对出现频率与词的序号二者之间的关系进行了详尽的研究,提出了词的序号分布规律.

频率词表是这样的:

词的序号	1	2	3	⋯	r	⋯	L
词的频率	n_1	n_2	n_3	⋯	n_r	⋯	n_L

从 20 世纪 20 年代开始,不少数学家、语言学家都提出过不少词的序号分布规律.50 年代初期,英籍法国数学家曼德布洛特(B. Mandelbrot)经过严格的数学推导,提出了词的三参数序号分布定律:

$$P_r = c(r + a)^{-b}$$

其中,$0 \leqslant a < 1$;$b, c > 0$;P_r 为频率,有

$$\sum_{r=1}^{n} P_r = 1$$

该公式是统计性的,当然不能绝对反映分布规律,有许多问题还有待进一步研究.但利用该公式,可以科学地、相当圆满地解决许多语言学问题.

如有人利用该公式,计算出只要掌握了某种语言的约 1 000 个频率最高的常用单词就可以读懂该语言文句的绝大部分.现在语言教学机构的"3 000 常用单词""5 000 常用单词",正是根据这一公式确定的.

根据《汉字频度表》,有人曾对频率累积和($\sum P_r$)与汉字序号作

过统计,列表如下①.

频率累积和（$\sum P_r$）与汉字序号的关系

频率累积和（$\sum_r P_r$）	汉字序号 r				
	政治	文艺	新闻	科技	综合
0.50	102	96	132	169	163
0.90	650	860	780	900	950
0.99	1790	2180	2080	2250	2400
0.999	2966	3204	3402	3719	3804
0.9999	3917	3808	4575	5116	5265
1.0000	4356	3965	5084	5711	6399

表中列出了频率累积和 $\sum P_r$,达到 $0.50, 0.90, 0.99, 0.999,$ $0.9999, 1$ 时的汉字序号 r.（即如政治类中 $\sum_{r=1}^{102} P_r = 0.50$,等等）

从这张表中,我们可以得出以下一些惊人的事实,如果认识了文艺作品中常用的 860 个汉字,那么人们就可以看懂文艺作品的 90%,等等;汉字可以分为这样三部分:(1)占篇幅 90% 的是基本汉字,约 1 000 字;(2)占篇幅 9.9% 的是一般常用汉字,约 2 500 字;(3)占篇幅 0.1% 的是非常用汉字,3 000～6 000 字.

这张表告诉人们,在编写汉字教材时,应该优先把出现频率高的字编进去,这样能使学生早日获得独立的阅读能力,收到事半功倍的效果.这种方法对于学习外语也有着重要的参考价值.

统计语言学的另一个重要成果是判定作家所创作作品中的风格.作品风格就是作家在创作活动中形成的个人写作特征,这种风格在数量上的表现,就是作家各自的作品在统计特征上的差异.

如同人的手纹各异一样,作家的风格也是不同的.这种差异可以通过统计频率表现出来.许多数学家、语言学家提出了估计不同作家的风格统计特征的方法,这些方法在实用中取得了一定的效果.

英国研究莎士比亚的专家们用计算机研究了这位大戏剧家在创作中频率累积和与序号的关系,得到了莎士比亚独特风格的数量特征.他们利用这些成果,成功地辨别出了不少冒充莎士比亚作品的真伪,而且成功地对新发现的作品进行了甄别.

① 转引自冯志伟:《数理语言学》,第 156 页,知识出版社,1985 年.

利用电子计算机,借助统计语言学的有关研究成果,人们还对各类不同文体的文章(如文艺性文章、学术性文章)使用的各种词类进行过研究,为研究文章的风格开辟了新的方向.此外,统计语言学还广泛地应用于索引的编制中.

应用数理语言学主要对机器翻译、人机对话、自然语言理解等方面进行研究,近年来取得了一系列成就.

数理语言学的诞生,为传统教育增添了新的内容,同时也为数学在文科教育中重新确定了地位.1955年,美国哈佛大学开办了数理语言讨论班,1957年正式在语言系开设这门课程,美国的其他大学也陆续开办了这门课程.在20世纪50年代末,日本、联邦德国、苏联相继在语言学系(有时在数学系)开设了这门课,圣彼得大学甚至设置了数理语言学专业.语言学教育与数学无关的时代一去不复返了.我国在20世纪50年代便开始数理语言学研究,70年代以来已陆续在一些院校开设这门课程.

应该清楚的是,数学应用于语言学、文学研究有其局限性,我们对此不要盲目乐观.同时,由于这种方法对传统的研究方式构成了冲击,更要谨慎从事.数学方法在其他学科中的应用,需要人们做出扎扎实实的努力.

3.4 数学的应用范围在扩大

作为研究各种现实的、可能的数量关系与秩序的学科,数学的应用范围在日益扩大,而且这种应用的每一方面都有着丰富的内容.我们可以从下面的一些不甚全面的实例中,对数学与其他学科的关系有一个大致的了解.

(1)在有关人及人类社会的研究中数学的作用.

人,是千百年来人类反复进行探索的对象.如何才能科学地说明、预测人的各种特征,如性别比例、身高、才能呢? 在这方面,随着数学研究的日趋深入,人们对此有了更进一步的了解.

生物学家达尔文的堂弟、优生学奠基人弗·高尔顿(F. Galton,1822—1911)曾利用概率、统计学中相关性理论、分布理论研究异常的身高与遗传的关系,结果发现:父亲的身高与儿子的身高二者之间有一种确定的正相关.一般来说:父亲个子高,儿子个子也高.他也发现,儿子们与中等水平高度的偏差比父亲们与中等水平高度的偏差小——这就意味着高个父亲的儿子并没有父亲那样高,儿子们的高度会退化到中等水平.在关于智力与遗传关系的研究中,高尔顿也得到了类似的结论.事实证明,高尔顿的研究结果是比较可信的.尤为重要的是,高尔顿所引进的利用相关性指标研究社会现象的思想,现在已经得到了越来越广泛的应用.

正态分布 $f(x) = N(\mu,\sigma^2) = \dfrac{1}{\sqrt{2\pi}\sigma}\displaystyle\int_{-\infty}^{x} e^{(-y-\mu)^2/2\sigma^2}\,\mathrm{d}y$ 是一种常见的重要分布,它在处理随机事件,尤其是处理需要测量的事件中,能够估计误差出现的概率.因此正态曲线又称为"误差曲线".这种分布表明,各种随机事件中的误差并不是随意出现的,而总是遵循一定的统计规律.这表明,人类甚至连犯错误都有一定的规律.

人们发现,人们的各种精神或生理性特征,是遵循正态分布的.这一点给人类文化学研究者研究人类不同民族的素质、气质提供了一定的理论基础,也为医疗、药理工作提供了重要的参数.这一结论,今天已广泛用于社会学、教育学中.例如,对一组人组织一场考试,如果考试的分数不呈正态分布,那么就可以认为这次考试中出现了某些异常现象.如果对社会进行某些调查,发现其结果偏离正态分布甚远,那么就有理由断定:一定有某种意外的问题.

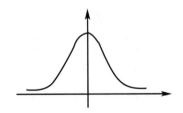

正态分布曲线

社会科学中应用数学,一般以概率方法、统计方法为主.虽然这些方法在研究各种社会问题方面取得的成效大不一样,但我们应该充分认识数学方法所发挥的作用.统计学在人口变化、股票市场运行、失业、工资、生活消费、酗酒与犯罪关系、生理特性与智力水平、疾病发病率、人们的社会心理反应、竞选等研究中发挥了作用.统计学处理是人身保险、社会安全系统、医疗保健、政治和许多其他复杂事情的一个有效方法. 今天, 即使是头脑最精明的商人, 也不得不利用统计学方法来确定他最好的商场、控制生产过程、检验广告效果、判断人们对新产品的兴趣. 数学方法摒弃了随意性的猜测和个人判断, 而建立了稳妥的科学理论.

在对人的心理活动的研究中, 数学的作用正在与日俱增, 数学心理学的产生与发展就是这方面的显著成就.

数学心理学(Mathematical Psychology)是用数学方法、数学模型研究心理现象的一个心理学分支. 其起源可以追溯到 1860 年 G. T. 费希纳(G. T. Fechner)在心理物理学方面的工作, 他最早利用数学函数关系式来研究心理学问题, 用公式 $\frac{\Delta I}{I} = K$ 表述客观物理量和主观感觉强度之间的关系, 并提出了对数定律 $R = R_0(r)^n$. 从那以后, 马赫等人还利用数学来研究颜色、视觉等引起的心理变化. 1927 年, L. L. 瑟斯顿(L. L. Tharstone)利用公式

$$s_1 - s_2 = x_{12} \sqrt{s_1^2 + s_2^2 - 2rs_1s_2}$$

表示两个刺激间的主观距离, 从而提出了比较判断率等理论观点. 当时的这些工作虽然不很成熟, 但却标志着数学应用于心理学的工作有了希望.

数学心理学的大发展是从 20 世纪 40 年代开始的. 信息论、控制论、统计决策论、系统论的产生以及计算机科学的发展, 为数学心理学准备了必要的条件. 20 世纪 50 年代, W. K. 埃斯蒂斯(W. K. Estes)、F. 莫斯蒂勒(F. Mosteler)、R. R. 布什(R. R. Buch)提出了一个关于学习的数学模型, 成为数学心理学研究新方向的开端.

(2)在人类的艺术创作中, 数学发挥了其应有的作用. 我们可以从绘画、音乐中窥见一斑.

对于艺术实践中数学的作用, 过去人们津津乐道的就是"黄金比例". 的确, "黄金分割"是数学在艺术中的重大应用. 但是, 在艺术中尤其是绘画艺术中, 数学起的作用是相当大的, 甚至对于近代艺术的产生是举足轻重的.

如何在画布上描绘现实中的三维景物, 这是困扰文艺复兴时期艺

术家们的一大难题.以达·芬奇(Da Vinci,1452—1519)为代表的一大批卓越的天才,通过创立一整套全新的数学透视理论体系,将这种透视理论系统的数学精神注入绘画艺术之中,创立了不同于中世纪的全新的绘画风格.

光线的处理,比例的巧妙安排,在西方艺术中形成了将绘画与数学(主要是几何学)紧密联系起来的传统,同时文艺复兴对数学的推崇,以及艺术家们经常被邀请解决炮弹运行之类的问题,使得艺术家不得不以几何基础、数学技能的训练作为最重要的基本功.文艺复兴时期的艺术家是最优秀的实用数学家,而在 15 世纪,他们已是最博学多才的理论数学家[1],这就是人们的评价.同时也是为什么会出现达·芬奇、米开朗琪罗(B. Michelangelo,1475—1564)、拉斐尔(S. Raphael,1483—1520)等一大批艺术家的原因之所在.《最后的晚餐》《雅典学院》《大卫》等名画不仅是艺术杰作,同时也是成功地运用数学透视理论的典范.西方画家很少有不懂几何学的,所以他们的早期作品堪称科学原理运用的典范,而且,由于对绘画艺术所进行的数学研究,使得从艺术中诞生了一门数学分支——射影几何.

以笛沙格定理、巴斯卡定理为基础,以焦点透视系统为前提出发,推导出一系列关于投射、截面的射影几何,其精神在绘画艺术中得到了完美的体现,数学透视方法使绘画从中世纪的金色背景、散点投射中解放了出来,从而能够自由自在地、逼真地描绘现实世界的大街小巷、山川河流,而且能使神圣的神话也具有丰富的人情味.笛沙格定理等一系列射影几何定理影响了西方绘画.尽管现代绘画早已超越了文艺复兴时代的风格,但焦点透视系统等许多渗透着数学精神的绘画原理依然是艺术学校的必修课,数学在艺术教学中的作用由此得到了完整的体现.

数学与音乐的关系,在古希腊时代已引起了学者们的高度重视.当时,琴弦之间长度的比例是靠数学研究来确定的,而琴弦长度则直接影响着音乐的和谐.

当然,数学对音乐的最本质的揭示,当属傅里叶级数对声音音高、

---

[1]　M. Kline：Mathematics in Western Culture,p. 151.

音频、音量的研究,这种研究把音乐推向了一个可以进行定量分析的阶段.

(3)在安全、防务中,数学的作用也是不容忽视的.其中尤以密码的有关问题可作为代表.

密码学(Cryptology 或 Cryptography)是研究如何在通信中采取保密措施,即使通信的内容不被第三者了解的办法.古代,如古罗马时代,已经将密码用于军事通信中,并且发现是十分必要的.一般来说,军事通信中信息的收、发方是固定的,只要双方约定加密的办法,即对所发的内容作一定的改变,在发出之前将要发的内容按约定的办法作改变之后再发出,接收者在接到后按约定的方法变回来即可.其目的是使在这一过程中,即使有人得到了传送的内容,也无法看懂,从而起到保密的作用.

将信息按一定的规则翻译成数字是最便于传递的方式之一.如将字母由 a 至 z 分别用数字 1 至 26 来代表,例如"boy"一词,可以用"2,15,25"来代表(即"翻译"成"2,15,25").我们如果约定:对 1 到 26 的数字按数论中"加 3 模 26"的方法来变换,①这样"2,15,25"就变成了"5,18,2";如果再翻译回去就变成了"erb",当然一般人就看不懂了.据说,古罗马时代曾用过这种加密的方法.可见,数学应用于密码学——用于军事防务中——有很悠久的历史.当然,这一方法也许比较简单,破译起来并不太难.如在英文中,一个字母出现的频率可以统计出来,据统计,字母"e"出现的频率最高.利用这一点,人们不难破译上述密码.当然,如果我们用数字来代表由两个字母组成的字母组,计算频率则要复杂得多.总之,用更复杂的数学方法,我们可以得到更好的加密方法.

20 世纪 40 年代,随着电子通信技术的日益发展,传送信息的速度大大加快,老的加密方法已不能适应新的需要,于是出现了用移位寄存器所发生的序列来加密的方法,其中用到了线性递归序列的理论与有限域的理论,而这些理论则都是从一些纯数学中的问题产生的,人们看到这些抽象的纯理论也有了重要的实际应用.

① 即每个数都加上 3,如果加 3 之后的数大于 26,就减去 26.

　　20 世纪 70 年代,由于计算机的快速发展,特别是计算机联网,出现了多方相互通信的要求.同时,通信的保密要求已不仅限于军事,在经济、商业领域及一般的通信中都产生了保密的要求.要两两来事先约定密码规则有很大的困难.于是,有数学家提出"单向函数"的想法,即要给出一个规则,把原文变成密文(即加密后的信息)比较容易,即便知道了变换的规则,想由密文算出原文仍十分困难.如果对每个想收到信息的一方都给一个单向函数,并把它公开.任何人要给他发讯息,只要用这个人的单向函数来加密再传送给他,而他本人知道解的方法,其他人则很难知道.这就是所谓"公开密钥".

　　上述想法很简单,却有启发性.例如,在数学中,如果给了两个大的素数,算出它们的乘积十分简单,但反过来再把这个乘积分解成素数的乘积却困难得多.基于这一思路,寻找人的素数成了引人关注的问题.更进一步,找出将一个整数分解成素数因子的快速算法,也成了一个重要的问题.这些问题都有直接的应用,而且是人们事先完全想不到的.这一类方法还有许多.现在,人们正在致力于把代数数论、代数曲线论、椭圆曲线以及组合数学中的一些理论都用到密码学中.由此可见,纯数学中的基础研究的确对安全——从军事安全到经济安全——事务有重要影响.同时,密码学的发展还表明,数学中哪些理论会有实际应用,以及会用到什么地方,是事先无法预计的,而这正是数学研究的重要特点之一.

　　数学在培养军事人才中也有作用.美国"西点军校",数学是学生必修的基础课之一.该校之所以重视数学,是因为他们的经历证明了,数学的学习能严格地培养未来的将军们把握军事行动的能力与适应性,能使未来的指挥官在军事行动中把那种特殊的活力与灵活的快速性互相结合起来,并为学员们进入和驰骋于高等军事科学领域铺平道路.

　　博弈论(Theory of Games 或 Game Theory)的产生,从另一方面体现了数学对军事的影响.博弈论的形成源于战争的需要.第二次世界大战期间,英、美盟军战争开始时在潜艇、作战飞机方面的实力不比德军占优,甚至有些方面还落后于德军.因此,如何运用适当的战略策略,改变实力方面的不利局面,成了有关当局关注的问题,于是英、美集中了不少科学家研究这一问题. 冯·诺伊曼（J. von Neumann，1903—1957）等人经过潜心研究，取得了令人瞩目的成就，并以此为基础形成了博弈论. 这门学科的主要特点是，用数学方法研究在各种竞争（如战争、竞技体育比赛、竞选、经济竞争）中是否存在制胜对方的最优策略，以及如何找到和运用这些策略等问题.

现代军事，安全防务与数学的关系日益紧密，以致使数学家不仅不为其研究是否有实用价值而担忧，而且出现了一批有良知的数学家起而反对将数学用于军事目的. 在一次国际数学家大会上，著名数学家庞特里亚金（Л. С. Понтрягин，1908—1988）在作有关微分方程稳定性理论最新进展的演讲中，提及如何将最新成果应用于提高导弹命中率，听众中的另一位数学大师格罗登迪克（Alexandre Grothendieck，1928—2014）怒不可遏，不顾大会纪律，跑上讲台抢走庞特里亚金的话筒，抗议在数学讲坛上提及杀人的导弹. 据说他在 20 世纪 70 年代毅然放弃数学研究，回乡务农，也与他反对把数学研究用于军事有关. 因此，如何处理数学研究与人类和平的关系也引起人们的重视.

（4）在哲学、历史学等领域，数学也发挥着一定的影响. 在这方面，数理主义是不容忽视的一种倾向.

数理主义（Mathematicism）系指用数学的形式结构和严格的方法，作为引导哲学思考模式的一种尝试. 例如，在西方哲学中，以数理逻辑为模式的计算体系或句法体系，在 20 世纪由 B. 罗素（B. Russell，1872—1970）、维特根斯坦（L. Wittgenstein，1889—1951）、卡尔纳普（R. Carnap，1891—1970）发展成了重要的哲学体系，科学哲学的产生与发展更与数学有密切的关系. 今天，数学、数理逻辑对于学习科学哲学的学生是必不可少的课程.

历史学一向是离数学较为遥远的. 但是，计量史学的诞生改变了这种状况. 而且，利用种种数学模型对历史事件进行解释，并进而做出预测，已成为历史研究中的新趋势. 虽然人们对史学研究中新方法、新思想的引入有不同的看法，但历史的定量研究却是一个不容人们忽视的方面.

总之，数学的作用正在日益扩大，数学的应用范围正与日俱增. 但是，社会科学及其他科学的研究对象毕竟主要是人，人类社会，与纯粹

的自然科学有着本质的区别. 因此, 数学在社会科学及其他某些学科
的影响和作用是有限的. 仅仅强调从数学的角度、理性的角度去认识
人与人类社会及人的各种活动, 必定是不完全的, 有时甚至是错误的.
但是, 现在人们已不同程度地认识到了数学在社会科学及其他科学中
的作用, 那么在相关的教育中加强数学训练是必要的, 也是重要的.

四　数学与人类思维

冯·诺伊曼,这位 20 世纪伟大的数学家、电子计算机之父曾说:"数学处于人类智能的中心领域."我们已经看到,数学在科学发展中、文化发展中具有很大的影响.不仅如此,作为既是一门高度抽象的理论性学科,又是一门应用广泛的工具性学科,数学在培养人的思维方面,也具有其他学科很难替代的功能.正是在这个意义上,冯·劳厄认为数学是"思想工具".

长期以来,人们一方面将数学理解为是对科学家、工程师或许还有会计员才有用的科学,同时又把数学看成是一系列枯燥乏味的演算技巧,认为这些技巧或者是老师用来考验学生的东西,或者认为是一批居住在象牙塔中的数学家们的创造.实际上,这种看法是表面的,既没有看到其深刻的内涵,更没有看到数学在思维训练方面的作用.

也许,人的思维能力差别不大,但是,思维能力作为一种潜能,必须通过刻苦的训练才能显现出来,才能转化为一种认识能力,而数学在这种能力的训练中具有不可或缺的作用.

从本质上说,数学反映了一种思维方法.即使是在原始民族部落,也会在一定程度上表现出人类所固有的数学思维能力.一般来说,人类的数学思维能力随着人类文明的发展而发展.因此,今天任何一个民族想发展,一种文明想进化,就不能也不可能忽视数学思维方法的发展.

并非人人都必定要从事科学工作,成为工程师或会计,更不会有许多人会以数学作为终生事业.但可以肯定的是,几乎所有的人都要思维,要具有一定的思想,总之,要做一个能思维、有思想的人.正因为如此,数学对所有人都是有用的,尤其是训练一个人的思维.一个人的数学修养对于思维是非常重要的.数学,能给人们对于事物的理解与认识提供帮助和启发,对一个人的成长与发展是有益的.正是在这样的意义上,在培养现代每一个人的教育中,数学始终是一个必不可少的组成部分.每一个教育工作者,尤其是教育领导阶层和数学教师们应该明白,未来的历史学家、哲学家、文字学家、文学家也需要进行数学训练;而未来的经理、政治家同样也需要好好学习数学.数学对于他们来说,作为一门知识、一种技巧也许没有什么重要性,但数学作为训练他们思维的一种最有效的工具,在培养组织才能、敏感性、直观性和洞察力方面是再恰当也没有了.不论人们未来的职业选择如何,促进智力的一般发展是数学教育的基本目标;数学教育的根本目的,并不仅仅是单纯地给人们提供求解某些具体问题的工具,而是培养和提高学生处理实际问题的能力,提高做人的基本素质.

因此,在数学教育中,我们必须注意这样两个基本方面.首先,数学能激发人们的创造力,发展和锻炼人们的逻辑推理能力与判断能力,还能使人养成简明表达事物的习惯;其次,由于纯数学自身各个分支的联系,以及它与各门应用科学之间的联系,通过适当的教育将促使学生们能清楚地认识和了解数学原理与事物之间的关系,提高应用数学的能力.

我们必须认识数学教育的目的,充分意识数学课程(尤其是中小学数学课程)并不是针对任何专门技术训练而开设的.中等数学课程实质上是公共文化的一部分.通过数学的学习,培养每一个人的空间直觉能力、逻辑思维能力,培养用清晰的语言正确表达思想的能力,应该说,这些能力在现代社会对每个人都必不可少.对于理解人类文化,建设和发展现代文明来说,普通教育中的数学教育也是一个基本而重要的方面.

4.1　数学思维的特征

数学作为人类理性思维的特殊形式,我们认为具有三方面的本质特征:逻辑性;抽象性;对事物主要的、基本的属性的准确把握.

数学的逻辑性系指数学中非常严密的思维,从条件(原因)到结论

(结果),环环紧扣,因果关系十分清楚.数学思维的这一特征,对于训练一般人的素质十分重要,在 4.2 节,我们将详细讨论这个问题.

数学思维的另一个基本特征是数学高度的抽象性.我们看到,从算术中最基本的自然数、分数,以及初等数学的基本概念,到现代数学的各种结构,都是脱离了具体事物的抽象的内容,数学正是这样一种研究思想事物的抽象的科学.研究数学,尤其是研究纯粹数学的人,正是在各种抽象的数学概念和数学结构之间思索着、追求着,寻求它们之间的内在联系和规律.而一旦把数学研究成果运用于实际问题,就可以取得惊人的成功,其关键在于数学的抽象反映了实际事物的本质.

让我们来看一个简单的例子,看看它是如何揭示数学抽象的具体意义的.

某国际机构的官员准备建立一系列职能不同的委员会,他确立的原则如下:

(a)任何两个国家至少有一个委员会是他们共同参加的.

(b)任何两个国家只有一个委员会是他们共同参加的.

(c)任意两个委员会中至少有一个国家是相同的.

虽然这位官员提出的这些原则十分明智、合理,但他却对由此带来的一些无法预见的复杂性惴惴不安.于是,他去请教一位数学家,这位数学家立刻指出了以下几种结论:

(1)任意两个国家的组合参加并且仅仅参加一个委员会.

(2)任意两个委员会将有一个且仅有一个国家是相同的.

(3)在任意一个委员会中,许多三个国家的组合将不出现.

数学家之所以能很快得出以上结论,是因为他意识到那些有关国家与委员会的原则与数学中几何系统有关点和线的论述完全吻合:

(a′)任意两点都在同一直线上.

(b′)任意两点都只能有一条公共直线.

(c′)任意两条不平行的直线必有一交点.

这两个集合仅有的不同是点和线这两个词代替了国家和委员会.数学家根据(a′)和(b′)两个条件推导出的有关点和线的定理完全适用于国家和委员会.这位数学家只要把这些定理中的点和线用国家和

委员会这两个词来代替,就可以得到他给那位官员所指出的结果.事实证明,点和线这两个抽象的、缺乏确定无疑的实际意义的定义,在现实中对人们是极为有利的.

通过这个例子,我们应该明白这样一个意义重大的结论:在从明白阐述的公理得出的演绎证明中,未被定义的术语的含义是无关紧要的.我们可以在现实中给这些术语以任何含义.希尔伯特对此说得好,几何中的点、线、面以及其他元素,可以用桌子、椅子、啤酒杯以及别的什么东西来代替.

今天的数学家已经意识到,只要包含未被定义的术语的公理适合于实际对象,这些实际对象就能与点、线及其他未被定义的术语一一对应,如果这些公理确实成立——即在逻辑上是无矛盾的,那么与其相应的定理也适合这些对现实的说明.

根本用不着担心,数学本质的这些新特点丝毫也没有削弱数学的意义,数学定理也不会沦于一些空洞的、毫无所指的句子;相反,数学比以前所认为的那些具体的东西具有更丰富的内涵,更广阔的范围,更广泛的用途.除那些以前与数学概念相联系并且仍然适用的现实含义外,还可以有各种各样的意义.以前人们仅仅会对质点、运动轨迹运用点、线的有关公理和定理,今天则对国家、委员会、桌子、板凳、啤酒杯也可以运用这些定理.它们也同样适合于数学系统中的定理.这样,数学系统中的定理有了新的意义,产生了新的用途.

需要指出的是,纯数学不是一开始就与未被定义的术语的特殊意义有联系,如点和线,一开始与国家、委员会并没有联系;另一方面,应用数学则与被赋予实际意义的纯数学中的概念有关,这些概念使与之相关的定理在科学工作中有实际用途.不过,从纯数学到应用数学的这种转变常常是在不知不觉中进行的.如圆的面积等于 πr^2 是纯数学中的定理,而一块圆形土地的面积等于 π(3.14)乘以这块土地半径的实际长度平方则是一个应用数学中的定理.今天,从纯数学到应用数学的转变速度开始加快了.

纯数学与应用数学的这种关系,一方面是数学思维本质的很重要的方面,另一方面又正是 B. 罗素(B. Russell,1872—1970)在说下面一段著名的、看似无理实际上却包含高度智慧的话时心里所想的:"数学可以定义为这样一门学科,我们不知它说的是什么,也不知所说的正确与否."①长期以来,我们一直在抨击罗素的这段话,认为他宣扬了数学中的不可知论,歪曲了数学的实质.其实,这是罗素用幽默的语言对 20 世纪数学特征——数学与现实关系的一种描述.数学家们从不知道他们所说的是什么,因为纯数学与实际意义无关;数学家们不知道所说的是否正确,是因为作为一位数学家,他们从不费心去证实一个定理是否与物质世界相符.对于纯数学定理,我们只能问它们是否是通过正确的推理得来的.所有这些,都是数学思维所独有的本质.

我们认为,数学思维的抽象特征以及这一特征与实际意义的关系,在艺术中如绘画、音乐中也可以看到,尽管二者不完全类似.贝多芬创作的《第五交响乐》,音乐爱好者对此加以种种不同的理解.希望、绝望、胜利、失败、人类与命运的抗争,等等.人们可以说所有主题都在作品中体现出来了,但《第五交响乐》依然故我.也许,将来人们还会给出种种新的阐释.然而,有一点,音乐和数学是一样的:它们都可以脱离"实用"而存在.

数学的抽象性在于数学本身适当地舍弃了与其讨论的主题不相关的内容.同时还存在这样的事实,在自然界、人类社会以及思维所提供的缤纷复杂的经验中,数学提出某些特定的方面加以研究,这种抽象性就是舍弃所考察的事物的一些与当前研究无关的性质.如数学中的直线与铅笔所画的线相比,属性就大大减少了.数学中几何学所研究的直线所具有的属性由一系列公理表达出来,如两点决定一条直线,等等.而实际中的直线除了具有这一属性外,还有种种其他属性,如物理结构、化学结构.

一般人也许会认为,仅仅通过事物的少数属性来研究事物的本质,不可能有什么结果.然而数学具有广泛应用性和有效性的绝大部分奥秘正在这种抽象之中.

数学的抽象思维使思维的经济原则在数学中得到了高度的体现.思维经济原则,是德国著名物理学家、哲学家马赫(E. Mach,1838—1916)提出并发展的一个观念,他强调用最经济的思维,去最大限度地

---

① B. Russell, Recent Work on the Principles of Mathematics,载 International Monthly, Vol. 4(1901),p. 84.

把握思维对象的特征.①数学,作为各门科学在高度发达中所达到的定量形式的一门科学,各门自然科学频繁地求助于它,今天连社会科学及其他科学也不断地利用它.最令人惊奇的是,数学的力量之一在于它避免了一切不必要的方面而采取了最为经济的思维方式.

数学思维的抽象性弥补了人类研究事物的极大缺陷.我们知道,科学家尤其是应用科学家基本上是直接与实物打交道,因而他们的思维就容易局限于由感观所观察到的事物,从而被束缚了手脚.通过从事物中抽取抽象的概念,数学家可以借助抽象思维遨游于由视觉、声音、触觉等构成的物质世界之上,于是数学可以处理像"能""引力""电"这类"物质".数学能够"解释"万有引力,而万有引力作为宇宙的一种属性是难以把握的.抽象的数学公式形式,是我们处理这些现象的最有意义,并且是最有用的方式.科学发展已经证明并且将不断证明这一点.

从物理现象、化学现象、生物现象甚至社会现象中抽取其定量的方面进行分析,常常能够出人意料地揭示出事物的联系.有时甚至一些互不相关的现象,却呈现出一致的量的规律.如麦克斯韦发现电磁波与光波具有相同的微分方程,从而揭示出电磁波与光波具有相同的物理属性.所有这样的成就,只有通过数学的抽象思维才能实现.

数学的高度抽象的本质,使得数学得以显示出神奇的力量,对此,怀特海(A. N. Whitehead,1861—1947)深有感触地说:"没有什么比这一事实更令人难忘,数学脱离现实而进入抽象思维限度的最高层次,当它返回现实时,在对具体事物的分析时,其重要性也相应增强了……最抽象的东西是解决现实问题最有力的武器,这一悖论已完全为人们接受了②."

欧氏几何及其他数学学科中的重要方法,关键是找出所考虑问题的主要属性,抓住了这些最本质的内容以后,所有其他的问题就相对容易了.反映在人们处理问题方面,是抓根本问题.

F. 培根(F. Bacon,1561—1626)认为从思想角度来分析科学与宗

---

① 这一思想可以追溯至中世纪的奥卡姆(William Occam,? —1343)关于逻辑推理的分析,他主张运用逻辑时应去掉不相关的属性.

② A. N. 怀特海:《科学与近代世界》,第 32 页,商务印书馆,1959 年.

教的对立,最本质的问题是要抓住人类的认识是从哪里来的,真理究竟是天赋的,还是经验的? 由此出发,他创立了经验论哲学,成为近代实证科学的重要基础.

法国于 1789 年制定的《人权宣言》也是如此. 全世界宗教、种族差别很大,那么哪些是人的基本权利? 他们从最基本的人的权利开始考虑,终于写出了《人权宣言》,成为人类历史上关于民主、自由的一个光辉文献.

今天,我们强调"教育是根本",那么教育的极端重要性有何根据呢? 实际上,我们可以采用逻辑方法寻求其根据.一个国家要振兴,需要以经济实力作为后盾;要使经济发展起来,必须依靠科技的发展,依靠管理水平的提高;而要发展科技,提高管理水平就必须依靠人;而人的能力在今天主要取决于人才的基本素质——知识水平、道德品质、科学精神、民主意识等;而人才的培养,人的素质的提高,必须依靠教育.这样形成了紧密相连的连环:国家的振兴　经济实力—科技发展、管理水平—人才的培养、人的素质—教育. 在这样一个环节中,如果不是以最基础的最后一点——教育作为治国的根本,是不可能使国家发达的. 多数发展中国家以及地区正反两方面的经验都表明,在一系列要素中,专家可以邀请,资金可以借甚至利用赠款,机器可以引进,甚至厂长、经理都可以招聘,但是普通工人、农民以及一般公民无法引进,而一个国家的主体却是大多数人民,这是一个最为根本、无法绕过的问题. 如果我们的思维能力能够真正认识清楚整个国家振兴的最基本的起点,那么"教育为本"才有可能真正在行动上得到体现.

4.2　数学思维对人类思维的影响

人类思维是一个整体,数学思维是其重要方面. 数学思维在其长期发展的过程中,与人类思维相互影响、相互联系. 思维方法脱离了具体内容来培养,很难掌握,而通过数学来培养是较好的途径.

数学对人们思想的影响随处可见. 不少有才华的哲学家们常说,在哲学探索中要求具有十分强的逻辑分析能力,而在这种能力的培养中,起关键作用的是欧氏几何. 欧氏几何中有严密的推理:根据已知条件,明确所要证明的问题,然后从已知条件出发,一步一步按照严格的逻辑关系,最后顺利地得出结论.这种思想方法对任何人来说都是十分重要的,对于一个大型企业的经理来说,这种思想方法也十分重要.一个企业的工作千头万绪,有哪些工作是已完成的、可以作为继续工作的基础,哪些工作是预期要完成的;为了完成一项工作,需要采取一些什么步骤,先做哪一步工作,后做哪一步工作,怎样从一步工作过渡到另一步工作,等等,这些与欧氏几何逻辑十分相似.有许多企业家深有体会地说,中学学几何时培养的逻辑思想对于自己安排企业的工作发挥了重要的作用.虽然这些思想对于没有经过几何训练的人来说也可以从经验中总结出来,但有训练与没有训练的差别,有时能导致工作效率的极大不同.

在很大程度上,数学可以看作是一种方法.数学能使人们的思维方式严格化,养成有步骤地进行推理的习惯.人们通过学习数学,能获得利用理智进行逻辑推理的方法,由此才有可能去把知识进行推广和发展.在进行各种各样的推理时,每个论点都能像数学证明那样去论证,弄清楚各种观点之间的相互联系和相互依存的关系,从而找出其中的根源与本质.因此,数学的学习和研究,对于推理能力的训练来说,是十分适当的.数学推理是一种逻辑推理,这种推理具有许多其他推理所没有的优点.

但是,善于推理的能力不是天生就有的.只有通过教育,才能使人在这方面的潜能得到发展.人类的推理能力在于,在完全相信可以进行推理之前,可以用其他方法来确证推理要素的真与假,以及推理是否完善.因为有如下一些特点,因此可以确认数学是最适合于进行推理的学科:

(1)任何术语都被清楚地解释.

(2)证明过程都严格地合乎逻辑而不含糊,不受任何权威意见的约束与限制.

(3)任何悖于常理的概念与理论,只要它能对数学的发展有促进作用,就不会长期为人们所拒绝.

在数学中,人类的理性可以最大限度地发挥出来,并以此来促进人类理性的发展.

数学的诸多特点,在数学家身上也能不同程度地得到体现.一些很有数学修养的学者或数学家,他们在撰写学术论文、科普文章甚至说话时,都十分注意逻辑的严谨性.语序、歧义、外延、内涵,他们都十分注意.如他们说:"今天我没看见一个人."那么他们的意思是指既没看见一个单个的人,也没看见许多人,而不会是指今天看见的不止一个人,或某个特定的人.在这方面,他们堪称"滴水不漏".遇到会发生歧义时,他们会尽量多加说明.这种能力的培养是十分必要的.一篇文章在数学家手中,他会剔除一些与结论毫无关系的废话、套话,真正做到"惜墨如金".

数学思维能力的培养,同时也是意志的培养.由此产生了数学的又一个特点:要求学习数学的人、数学工作者必须自觉、努力和勤奋.良好的学习、生活环境仅仅是造就人才的预备条件,能否取得成就,必须依靠自己的努力奋斗.这一点对于数学思维能力的培养尤其重要.即使不想成为数学家,就是作为一般文化教育的数学学习,同样也应该做出较大努力,才会真正有所收获,真正使数学起到训练人的思维能力的作用.

欧氏几何一向被人称为"脑体操",这是指欧氏几何在训练人的大脑、思维能力方面有如体操对人的健康一样.历史上,欧氏几何一直是训练各类人员思维的传统学科.从中世纪神学院的课程,到近代欧洲各种大学,直到今天世界各地,全都或多或少地开设欧氏几何课程.之所以这样,首先在于欧氏几何的编排体系就是从比较严密的、人们所能接受的逻辑开始并贯穿始终.欧氏几何(指用于教学的简化欧氏体系)从人们所能接受的公理、公设出发,然后再来证明一些非常美妙的命题.有时,面对一个几何证明题,乍看似乎结论明显成立,但要证明它却不得不费一番周折,在这种情况下,人的耐心受到了很好的训练;有时,面对一个看来结论简直不可能成立的命题,通过引几条巧妙的辅助线,可以很快解决问题.巧妙地借用其他手段,解决复杂问题,人类不就是这样生存的吗?欧氏几何还能训练人的敏锐的洞察力,从平淡无奇的现象中得出十分有趣或十分有价值的结论.任意画一个凸四边形,连接四边中点所成的凸四边形有什么特点呢?经过证明后你会发现,这是一个平行四边形!如右图所示.这样的事例在欧氏几何中随处可见.即使到今天,人们在欧氏几何中,也还不时发现一些前人未曾料到的、美妙的定理. 在这里,我们会很自然地明白这样一个问题:为什么在西方相当长一段时间,数学与几何几乎是同义语. 其原因之一在于,数学在教育中主要是作为一种训练思维的方式,而不仅仅是作为一种知识或一些技巧. 在训练思维方面,几何起着重要的作用. 有人认为,今天的数学教育过多地加

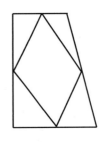

入近代数学的内容后,将数学这方面的功能减弱了,我们看到,这种状况是促成关于 20 世纪 60—70 年代数学教育争论的因素之一.

数学教育中最大的问题是用途和目的二者之间的鸿沟[①]. 按理说,数学以训练人的思维能力尤其是逻辑思维能力为主要目的之一,那么它在用途方面就毫无疑问了. 但是,数学培养的能力是一种"潜在的能力",它体现在"后劲"方面,不能立竿见影收到成效. 为了培养逻辑思维能力,有的教育者干脆直接向学生传授形式逻辑,而抛弃学生学起来困难的欧氏几何,殊不知这样一来,反而收不到预期的效果.

人的思维能力的提高需要时常下功夫,循序渐进,只有这样,才能培养人的正确思想方法. 在这方面,数学起着很好的作用. 可以这样说,历史上著名的大思想家几乎没有谁不是经历过严格的数学训练的. 由此可见,人才的培养离不开数学学习. 在数学教学中加强对思维能力的培养,从而达到对思想能力的培养已经成了当务之急.

数学的性质与特征,决定了其素材与内容特别适宜于一般的文化教育——中小学教育,大学数学教育. 特别是中等的数学课程,虽然其内容都是一些用初级形式表述的数学基础知识,但高等教育中诸多学科所要求的种种特性大都已在其中初现端倪.

与其他任何别的学科相比,数学更能使学生感触到知识的渊深博大,更能锻炼和发挥学生们去独立探索真理的能力;数学能够集中学生们的智力活动,使他们专心致志,从而使得学生们能够了解自己能力的强弱. 数学又时常以其独特的风格而引人入胜,并由其方法的普遍适用性和应用的广泛性而使人深信不疑. 这样,学生们所接受的数学知识,以及他们为了获得正确的数学概念和求解数学问题所做的

① H. Freudenthal,Mathematics as an Educational Task. p. 64.

努力,都会激发他们强烈的求知欲,使他们有能力学习任何其他的学科.

利用数学思维可以从多方面培养人的思想.小学数学中比较积木可以形成"多少"的概念;而通过比较自然数集和有理数集,会对长期形成的观念带来冲击,从而会使自己的思想变得更深刻;学完欧氏几何后再了解一些关于非欧几何的思想,这样会使自己的认识观、真理观变得更为深入,更加全面;通过现代集合论的学习,则会对人们的理想及对世界的看法发生改变;哥德尔(Gödel)不完备性定理,其意义已远远超出数学基础的范围,在人们对哲学的理解方面打下了深深的烙印.

给学生一瓢水,自己先要有一桶水.数学的发展,主要是数学思想的发展,美国数学史家 M. 克莱因将其数学史名著取名为《古今数学思想》正是为了表达这一观点.要使数学教育能真正发挥其思维训练的功能,首先必须做到的是,数学教师自觉地意识到数学的这种功能,并能充分理解数学中蕴含的思想.在这方面,许多著名数学家的良苦用心值得引起高度重视.他们十分关心数学教育,从自己形成的对数学的独特感受,从自己由于受数学的影响而产生的思想出发,直接把数学的活生生的思想注入教育之中.我们认为,这就是著名数学大师关注教育的功效与作用之所在.一般的数学教师向学生传授的是知识和技巧,而数学大师们给予学生的则是思想.因此,在世界各地,都有一批在数学最前沿工作的数学家,利用各种各样的途径和方法直接参与中学甚至小学的数学教学.一般人也许认识不到这究竟有什么作用,因为传授的知识都一样,而数学大师们有的在教学方法上还不如正规中小学教师,但他们却能将真正的数学思维给予学生,这正是其中的奥秘.苏联定期组织各种各样的奥林匹克讲座,甚至组织像柯尔莫哥洛夫这样的大数学家和中学生们联欢.中国在 20 世纪五六十年代有一大批数学家如华罗庚、段学复、苏步青等,经常为中学生讲课,撰写小册子,组织数学竞赛等,1978 年华罗庚还亲自深入浅出地讲解中学生数学竞赛试题.这些都对传播数学思想起了积极的作用.今天,不少中外数学家也在从事数学普及与传播工作,我们相信也一定会产生积极的影响.

　　通过数学思维培养人的思想,我们必须高度重视数学史的作用.数学史,实际上是一部数学思想史,同时也是一部数学思维影响人的思想的历史.通过数学史的教学,可以使学生们了解到,数学中的许多内容常常需要几十年、数百年的努力才能出现有意义的进步.而通常数学教科书给学生的印象是:数学家们理所当然地从公理、定理中推出新的定理,似乎数学家们在研究过程中没有遇到任何困难.字斟句酌的数学教学课本,未能表现数学创造过程的艰辛、数学家所遭受的挫折,以及在建立一个完美的数学理论之前,数学家们所经历的艰苦漫长的道路.通过联系数学史,可以使学生认识到,在数学领域,任何一个定理的发现,都是前辈学者艰苦努力的结晶.学生们一旦理解了这一点,他们将能获得顽强地探讨困难问题的勇气.数学家们在迷雾中摸索前进、零零碎碎得到一点一滴成果的历史事实,能使学生们树立不畏艰难、脚踏实地从事任何工作的优良品德.

　　数学史的学习是非常有益的,它不仅能告诉我们已经有了什么,而且还能教给我们如何为数学增砖添瓦.数学史的学习能使学生们不去为那些解决已久的数学问题而浪费时间、消耗精力,不再去钻研数学中不可能的问题,如“尺规三大作图问题”,不再去重蹈数学前辈由于使用错误方法而导致失败的覆辙.数学史的学习和科学史的学习一样,“能帮助我们不自鸣得意,不骄傲自大,不急于求成,但却能保持信心和希望,并且为完成自己的任务永不停息地默默工作①.”数学史,还能在一定程度上克服文理科之间的隔阂,成为连贯二者的桥梁.

　　因此,我们认为,数学史教学在今天是值得重视的事情.在这方面,首要任务是在培养教师的师范院校数学系开设数学史课程.只有使广大的数学教师真正从历史的深度与广度上把握了数学思维对人类思想的影响,他们才会在教学中自觉地不仅给学生以知识,而且还会给学生以思想.在数学比较发达的国家,如俄罗斯、美国、法国,他们从 20 世纪 70 年代起几十年陆陆续续在师范院校和综合性大学数学系开设了数学史课,编写了专供师范院校使用的数学史教材,甚至在

---

① 萨顿,《科学史与新人文主义》,载《科学与哲学》研究资料,1984 年第 4 期,第164-165 页.

教材中附上各个不同时期的练习题,让学生追溯历史的教学方法与思想①.我们认为,这些做法值得我们借鉴、参考.从 20 世纪 70 年代起,数学史在数学教育中的重要性逐渐为人们所认识,在 20 世纪 70 年代举行的几次国际数学教育会议上,曾开展过关于这方面的专题讨论,大家一致认为数学史对激发学生的学习兴趣,培养学生的品格和思想,熏陶学生不畏艰难的性格等都有重要的作用②.现在世界上越来越多的国家开设了数学史课程,而且大都从培养爱国主义的狭隘天地转为培养能力和思想.我国自 20 世纪 80 年代起也开始在部分院校开设数学史课,编写各种数学史教材,举行数学史教师暑期培训班,等等.随着数学史教学的进一步发展,我们相信,将会对培养学生的逻辑思维能力和提高学生的思维素质产生积极影响.

数学思维的培养,是数学中一项长期而重要的任务,而要从中达到训练人的思想的目的,更是一个潜移默化的过程.通过数学学习,包括掌握数学的基本理论,进行数学推导和演算,把握数学的本质,才能增强思维本领,提高科学抽象能力、逻辑推理能力,从而才能真正对人的思想产生影响.

一个民族如果要站在世界之林,就一刻也不能没有理性思维,而培养理性思维的最有效方式就是学习数学.因此,提高民族的理性思维水平,数学有着举足轻重的作用.

在我国,宣传数学的重要性,切实提高从小学、中学到大学的数学教学质量,并且在成人高等教育中继续加强数学学习,使人们理解数学、重视数学和正确运用数学,这对于开发智力、提高我们民族的科学水平和思维能力,是件有战略意义的事情③.这样的建议的确十分重要和及时,现在,我们确实应该抓紧数学教育了,否则将会贻误科学技术的发展.

---

① ［美］H. 伊夫斯,《数学史概论》,欧阳绛译,张理京校,山西人民出版社,1986 年,该书每一章后都附有说明历史背景的习题,是一本难得的数学史教材.

② 参见 The Relevance of Philosophy and History of Science and Mathematics for Mathematical Education,载 Proceedings of the Fourth International Congress on Mathematical Education,p. 444-452.

③ 孙小礼,《数学·科学·哲学》,第 39 页,光明日报出版社,1988 年.

4.3　数学与文化

数学思维通过对人类思维的影响,在人类文明、文化中起着重要的作用.因此,我们有必要简单地谈一下数学与文化的关系.

无疑,数学是人类文化的一个重要组成部分.数学的发展与所取得的成果对于它所属的文化产生重要的影响,反过来,在不同的文化中数学也具有不同的特征.

考察从公元前 600 年延续到公元前 300 年前后的古希腊文化,我们已经认识到,数学作为古希腊文化的重要组成部分,它在一定程度上反映了古希腊文化的重要特征.

古希腊数学家强调严密的推理以及由此得出的结论,他们所关心的并不是这些成果的实用性,而是教育人们去进行抽象的推理,激发人们对理想与美的追求.因此,古希腊优美的文学,极端理性化的哲学,理想化的建筑与雕刻,所有这些成就在历史上有重要的地位,就丝毫不足为怪了.这些成就处处体现着数学的影响.

欧氏几何所体现的清晰、简洁的特征,在古希腊文化中随处可见.古希腊的建筑设计异常简单,这与中世纪哥特式建筑的烦琐形成了鲜明对照.古希腊的服装没有多余繁杂的装饰,文学创作也具有明显的简练、清晰、求实的风格,比喻和形容词使用得恰如其分.所有的艺术包括建筑、雕刻、文学都具有一种简单质朴的美.

希腊数学表现出一种静态特征,它不研究变化图形的性质,因此被人们称之为常量数学,这种静态特征在其文化中也得到了体现.希腊庙宇给人的印象是宁静,思想和精神都处于安宁状态;雕刻中的图像也是静态甚至是冷漠的,给人一种心理上的宁静之感.迈隆的"掷铁饼者"中的主人公,虽然正准备发出巨大的力量,但给人的印象却像一位正在品茶的绅士一样:安宁,从容不迫;希腊戏剧的静态特征就更为明显了,几乎没有什么动作.戏剧一开始,那些导致剧中人所面临的问题或困境的事件只是简要地给观众介绍一番,戏剧本身所关注的是心灵上的斗争,而很少有剧烈的动作.

希腊数学的演绎法使古希腊人对理性的推崇达到了无以复加的地步,他们在每一种情感经验中都极力寻找理性.他们歌颂为保卫希腊而牺牲的战士,不仅仅因为他们勇敢,富有爱国心,而更主要的是认为自己的行动是合乎理性的.在希腊人的心目中,演绎推理富有条理性、一致性和完整性,几乎被认为是一种艺术.

希腊数学中的点、线、面、数,都是对现实的理想化和抽象,这种对理想化和抽象的偏爱在其文化中也留下了深深的烙印.他们的雕塑并不注重于个别的男人或女人,而是注重理想模式的人.这种对理想化和抽象的追求,导致了对身体各个部位比例的标准化的追求,希腊人不仅给出了标准的黄金分割 0.618,而且任何一个手指和脚趾的比例都没有忽视.

古希腊人的雕刻也同样追求标准化,他们所雕刻的人物面部和姿态,都没有明显的情感流露.无论是神还是人的雕像,其面部表情是既不冥想,也不言谈,更不忧愁,看上去是非常宁静的,完全是一副哲人的思索者形象.这种风格十分吻合古希腊的数学结构风格.

古希腊的建筑也是标准化的.他们那简单质朴的建筑总是呈长方形,长、宽、高的比例都是确定的.同时,希腊人把坚持理想的比例与坚持抽象的形式紧紧地结合起来.在他们那里,艺术和抽象实际上是同义语,数学是追求理想和抽象的,因而在他们心目中,数学完全处于和其他艺术同等甚至还要突出的地位,无可辩驳的,数学是一门艺术.

希腊文化被公认为是人类历史上辉煌的一页.它深刻地影响着以后人类文化的发展.事实上,希腊人的所有这些文化,无不渗透着数学的影响,最大限度地决定着当今文明本质的贡献是数学.如我们所论述的这样,希腊文明受到数学的支配,而我们当今的社会正在数学化.数学,才是希腊人为人类奉献的最好的礼物.

如果说古希腊光辉灿烂的文明是数学这一文化发挥重要作用的生动实例,那么随后的罗马文化则是数学创造力、数学精神的缺乏在一个时代文明中的表现.虽然罗马人在一定时期曾做出过贡献,但很快就停滞不前了.

阿基米德在公元前 221 年被罗马士兵杀害,这件事情的真实性可以不予深究,但按罗马人的素质,他们完全可能做出这样的事情.对此,A. N. 怀特海曾感慨地说,阿基米德死于一个罗马士兵之手是一个世界发生头等重要变化的标志;爱好抽象科学、擅长推理的古希腊在欧洲的霸主地位被重实用的罗马取代了.罗马是一个伟大的民族,但是他们却深受只为实用而无创造性的思想之害.他们没有发展其祖先的知识,他们所有的进步都局限于工程技术的细枝末节.没有一个罗马人可能会因为沉醉于数学图形而像阿基米德那样丧命.

注重实用的罗马帝国,其精力主要关注权术和征服外邦.他们几乎没有什么真正的创新精神.罗马文化是外来的,罗马时期的绝大多数成就都渊源于古希腊.当希腊人处于罗马的强权统治之下时,罗马人用他们的风格、精神强迫希腊人,从此希腊文化就开始走下坡路,为数学所渗透的文化逐渐被封存起来了.的确,罗马帝国的斗兽场、公共浴池、城市交通、公共设施比古希腊不知要豪华多少,但唤醒人类理性意识,建立现代文明的却是希腊文化——为数学所主宰的文化.

罗马人在实用方面的兴趣也在他们文化的各个领域表现出来了.雕刻和肖像总是赋了了个人目的,用来炫耀荣誉或纪念死者,奥古斯都(Augustus,前 63—14)被雕塑成身披盔甲、佩带勋章的士兵,身边的小孩象征着古罗马人丁兴旺.对理想的追求,对具有完美比例的诸神和人物形象的专注,已经一去不复返了.

近代西方文明的复兴,本质上是数学精神的复兴.文艺复兴时代及其以后的欧洲人,不仅学习、掌握了希腊人的成就,而且主要向他们学习了人类的推理能力.欧洲人继承了自然界具有数学设计的思想,相信理性可以应用于人类的所有活动.正是在西欧的贤哲们掌握了理性精神,把握了数学精神后,近代西方文明诞生了.

近代科学独立的宣言书《天体运行论》,实质上就是一本数学定理的汇集,哥白尼在该书的序言中写道:"对数学一窍不通的无聊的空谈家摘引《圣经》的章句加以曲解来对我的著作进行非难和攻击",但"我决不予以理睬,我鄙视他们,把他们的议论视为痴人说梦,加以摒弃①."数学的成就证明了数学论据比神学论据更具有真理性,由于数学的胜利,带来了为科学、社会、人类自由而进行斗争的思想、演说、写作的胜利.通过笛卡儿的哲学工作和数学工作,数学的重要性更为人们认识了.微积分的发明解决了科学、工程、技术的困难问题,同时也对哲学、宗教、文学、美学产生了极为深远的影响.

---

① 哥白尼:《天体运行论》,科学出版社,1976 年,第 6 页.

在宗教方面,由于微分方程用于天体力学,许多天文现象能够被准确地预测.一向被人们视为不祥之兆的哈雷彗星也能用数学方程精确地计算其回归时间,自然界的其他现象也能为人们从数学上所掌握.因此,上帝对自然界的干涉是不可能的,任何祈求上帝拯救人类的祷告都是徒劳的.拉普拉斯(P. S. Laplace,1749—1827)理直气壮地宣告,在他的理论体系中,不需要"上帝"这个假设.宗教发生了重大变化,科学界的宗教感情再也不是对《圣经》中耶和华的崇拜,而是对自然神的崇拜,宗教感情所采取的形式是对自然规律的和谐所感到的狂喜和惊奇①.

数学的发展,尤其是数学引进符号后的发展,对语言学、文学产生了冲击.17、18 世纪提出了各种语言改革方案,其中主要的思想就是倡导:理想语言应该模仿代数学,用符号代替概念,正如用字母代替数字一样,从而消除模棱两可的词语和易使人误解的比喻.数学对文学风格的影响更是非常大,人们普遍认为在数学讨论或演算的文章中,叙述细致明确、清晰明了,于是不少作家都试图模仿这种风格.

非欧几何的创立,对人类文明、人类文化的影响,在数学史上乃至科学史上是特殊的.首先,非欧几何的创立扫荡了整个真理外阈,摧毁了对人类文化中真理的固有看法.像宗教一样,数学在西方思想、文化中始终处于神圣不可侵犯的地位,人们认为数学是真理的汇集,人类文化如果能以数学作为基础,则其真理性就有了保证.但是,由罗巴切夫斯基、鲍耶、高斯等人所创立的非欧几何却引出了这样的问题:一向宣称是描述关于数量、空间真理的学说,现在却突然出现了几种矛盾的几何学,这些矛盾的几何学,其各自的内部是一致的、无矛盾的.同时这些几何学却有可能不止一种是正确的,如人们已经认识到非欧几何也能如实地描述物理空间,也许所有不同的几何学都是正确的,因此就迫使人们不得不承认这样的事实:所有的几何学都只是一种"假设",因此数学丧失了作为真理总汇的地位.在一定意义上,数学的发展影响着人们对绝对真理的看法.

中国数学在古代曾经达到很高的水平,与同时期的西方数学相

---

① 《爱因斯坦文集》,第一卷,第 283 页.

比，许多重要的结果是领先的. 但是中国数学的表述方式是不同的，一个普遍的结果常常是通过某个具体的问题的解法写出来，数学的发展也常常是通过对前人著作的注释来叙述. 同时中国数学更着重实用，要求把问题算出来，用现代的话说，就是更重视"构造性"的数学，而不追求结构的完美与理论的完整. 我们可以说，这种表述方式与中国古代哲学的表述方式有相近之处. 冯友兰先生在他的《中国哲学简史》中指出："中国哲学家惯于用名言隽语、比喻例证的形式表述自己的思想.《老子》全书都是名言隽语，《庄子》各篇大部充满比喻例证[①]."这就表明中国数学与中国文化有密切的联系，正如西方的数学很大程度上受西方文化的影响.

　　探讨数学与中国文化的发展，无疑能深化人们对数学在文化发展中所起作用的更深刻的认识.

　　数，在中国被赋予了伦理的意义. 礼义，常常被人称之为"礼数". 由于有着具体数字规定的"礼数"被视为伦理戒律，如《礼记·礼器》中有"天子之堂九尺，诸侯七尺，大夫五尺，士三尺"的规定，进而"礼数"（"礼义"）被视为一种社会规律. 由此出发，在中国文化中出现了"天数"一词，"天数"代表着不可抗拒的命运.

　　几何学在中国的发展中，"规矩"起着基本的作用，"规"用来画圆，"矩"则用来画直线图形. "礼义""礼数"在中国文化中被视为"规矩"，有所谓"不以规矩，不成方圆". 中国人已用数学规律（用规矩画方圆）来形容和描述政治、社会的运行，中国传统数学的某些特征已融于文化之中. 数学在中国传统文化中的作用，最大的莫过于一套有关数字崇拜的体系，这种体系时至今日仍深深地扎根于中国人的日常生活之中.

　　中国古代数学的杰出代表作《九章算术》，对中国文化的发展起了很大的推动作用. "天、算、农、医"四大学科中，数学中即以《九章算术》作为重要代表. 同时，在与亚洲、阿拉伯世界的文化交流中，《九章算术》也作为中国文化的重要成就而受到广泛关注. 现在，世界学术界都将《九章算术》视为中国古代文化的瑰宝. 西方数学传入中国后，对中国文化的发展产生了一定的影响. 明末清初传入的西方天文数学，曾

---

① 　冯友兰，《中国哲学简史》，第 16-17 页，北京大学出版社，1985 年.

在当时中国学术界乃至朝野产生了较大震动.清末,中国的有识之士将数学与西方科学技术一起作为救亡图存的重要武器,为数学与人类文化发展增添了新的一页.

数学与人类文化的密切关系,揭示了数学文化在各种文化中的特殊地位.正是由于这种特殊地位,就决定了每一个现代人都必须接受数学教育.这种教育能使人们了解数学对于文化的影响,以及通过对数学的认识与理解,提高文化素质,从而创造出更有内涵、更有意义的人类文化.

五　计算机的影响

无疑地,计算机的出现是人类发展史上的一个重要的里程碑.在20世纪70年代末、80年代初,在全球甚至出现了计算机将改变人类社会的种种设想.有人甚至大声疾呼,"明天将是计算机的时代".

计算机发展史在相当长时间内是数学发展史的一部分,无论过去、现在,还是将来,计算机与数学的关系比计算机与其他学科的联系都密切得多.因此,我们认为,计算机与教育显然是数学与教育这个大课题的组成部分,而且是一个必不可少的、重要的部分.

计算机的发展从开始起,即与教育有着不可分割的联系.只要想一想计算机是在大学中发明的这一事实就相当有说服力了.如最早的几台电子计算机,Mark I——哈佛大学,ENIAC——宾夕法尼亚大学,EDVAC——宾夕法尼亚大学.

随着现代电子计算机影响的不断深入,它对教育的作用也日益明显.一方面体现在对教育内容的影响——把计算机用于科学计算和数据处理,以及有关计算机本身的教育.这方面的教育改变了学生的知识结构,并直接影响着个人就业和社会经济的发展,并影响其他学科的发展.另一方面是对教育方法和教育思想的影响,它包括计算机辅助学习,计算机辅助教学,计算机管理教育,等等.可以说,计算机在一些方面改变了传统的教育方法,还在一定程度上开始触动了传统的教育思想.因此,计算机对教育的影响,应该引起人们的深切关注.

5.1　计算机的特征

电子计算机之所以能在人类社会中具有巨大的作用,并且能在各个领域获得极为广泛的应用,是与其自身的特点密不可分的.我们认

为,计算机的特征主要是:

(1)计算速度快.

正是由于需要一种快速、精确的计算机,二次世界大战后的 1946 年,人们设计出了第一台电子计算机——美国宾夕法尼亚的 ENIAC (Electronic Numerical Integrator and Computer). 因此,快速计算是电子计算机的一个最重要的特征.

现代电子计算机的运算速度,从第一代(1946—1959)电子管计算机、第二代(1959—1964)晶体管计算机到第三代(1964—1971)集成电路计算机,乃至今天的大规模集成电路和超大规模集成电路计算机,逐步发生了巨大的变化. 以前,数学家把圆周率 π 计算到小数点后 707 位,花了近 15 年时间,而现在用中等速度的计算机都只需几小时就可将 π 计算到小数点后十万余位.

电子计算机的快速运算,促进了许多学科的发展. 天气预报在今天已司空见惯,但天气预报成为一门精确的科学却是在计算机投入使用后才实现的. 实际上,预测天气的微分方程组早在 18、19 世纪就已经几乎完全建立了. 那时流体力学、气象学的知识在理论上已经相当完备,但是,由于天气预报微分方程组中涉及的参数多,测得的各种数据十分复杂,因此利用手算或简单的计算器械,预测 24 小时内天气的运算量往往需要几天甚至几十天才能完成,等到方程求解出来了,预报早没有意义了. 而电子计算机的出现,则使得这一过程在几分钟之内就可以完成,天气预报才真正成为可能. 今天,计算机用于天气预报完全可以使得短期预报十分准确,同时也可以大大提高中期和长期预报的准确性.

(2)能够进行逻辑判别.

"Computer"一词,中文翻译为"计算机",这样在相当多的人心目中产生了电子计算机只能进行计算的错误认识,以为计算机只不过是算盘的延伸,算盘是电子计算机的祖先. 实际上,电子计算机能够进行各种逻辑判断,这一特点正是电子计算机与算盘的本质区别."Computer"一词翻译成"电脑",倒是显现了计算机的这一特征.

电子计算机可以对两个信息进行比较,根据比较的结果,按规定的程序确定下一步该做什么. 有了这种能力,才能使计算机更巧妙地

完成各种任务(包括计算任务). 如求解二元一次方程:

$$\begin{cases} a_{11}x + a_{12}y = c_1 \\ a_{21}x + a_{22}y = c_2 \end{cases}$$

计算机首先要判别 a_{11} 是否等于 0,然后再来决定消元过程. 又如计算

$$e = 1 + \frac{1}{1!} + \frac{1}{2!} + \frac{1}{3!} + \frac{1}{4!} + \frac{1}{5!} + \cdots$$

精确到小数点后第五位. 如果不能进行逻辑判别,则会无限计算下去,而计算机可以对任意两次结果 a_i, a_{i+1} 之差与 10^{-5} 作比较,来判定计算是否再进行.

电子计算机逻辑判别这一特征最引人注目的是在解决"四色问题"中所起的作用. 1852 年,格思里(F. Guthrie, 1831—1899)在写给他弟弟的一封信中,有这样一段话:"看来,每幅地图都可以只用四种颜色着色,使得具有共同边界的国家有不同的颜色."这是四色猜想的原始提法. 所谓四色问题是指,把平面(或球面)像画地图似的划分为许多区域,每一个区域标以一种颜色,并要求每个相邻区域所标颜色不能相同,问至少需要几种颜色. 按经验估计需要四种颜色,但一直未能得到严格的证明. 一百多年来,许多人都宣称他们证明了四色猜想,但后来却发现证明错了.

1976 年,美国伊利诺伊大学的阿佩尔(K. Appel)、哈肯(W. Haken)郑重宣布,他们证明"只要四种颜色就够了". 他们借助的工具正是计算机. 通过设计得十分巧妙的程序,用计算机进行复杂的证明. 他们用伊利诺伊大学的 IBM360 机对所设计的 1 482 种情形,花了 1 200 多小时机器时间,终于证明了四色定理:四种颜色就可以使地图上相邻地域相互区别开来.

计算机证明四色定理,在科学界掀起了一个新的浪潮. 以前人们只知道计算机具有快速计算的能力,而在证明定理方面则还处于一个初步的阶段. 以前至多是对一些已知其证明过程、正确结论的定理,设计程序后使其在计算机上实现,然而让计算机对一个人类还没有证明的超级难题给出了证明,这在人类历史上还是第一次.

尽管人们对四色问题的电子计算机证明提出了不少疑问,持怀疑态度的大有人在. 但是这一现实却令许多数学家激动不已:数学有可

能摆脱长期以来"手工操作"的研究局面! 同时也无可辩驳地显现出了电子计算机具有逻辑判别的特点. 事实上,在证明四色问题时用计算机进行了一千亿个逻辑判断! 四色问题用计算机来证明,标志着数学研究方法上一个重大的突破,为电子计算机在数学研究中的作用揭开了新的一页.

(3)能够编制程序,具有记忆特性.

电子计算机可以把数据、以前的结果及其计算过程存入,并进行处理,一旦需要再用时,可以再度实施. 在这一点上,它与人脑具有记忆有一定的类似之处. 电子计算机与以往计算器的区别还在于它能存贮几万,乃至上亿个数据,当它运行时,可以高速地从原来存放的地方取出来,逐一加以解释和执行,而这些过程不要人们的干预便能自动完成.

因此,我们可以编制程序,使这些程序指令与被算的算式在机器中处于同等地位,一旦需要可以随时调用,于是大大减少了重复性工作,能有效地提高工作效率.

计算机具有记忆的特性使它在机器翻译、计算机下棋方面具有广泛的用途. 人们尝试过给计算机编一部"机器词典",使它能在遇到一个词如"take"时,根据语法结构、上下文判断它的意义,从而进行翻译. 计算机下棋,就是由人们把棋谱编制成计算机语言,并存入各种规则,这样当你第一步走"当头炮"时,计算机能根据其内存,快速穷尽所有走法,从中选取合乎规则且具有一定水平的招数.

5.2 计算机的作用与其他学科的发展

计算机的出现,对数学的发展、其他学科的发展与数学方法在诸多领域中的应用带来了巨大的影响,大大拓展了数学方法的应用范围,加深了数学在认识世界和改造世界中的作用. 我们在前面曾经谈到过数学对许多自然科学、社会科学以及其他学科的作用,计算机的应用使得这些作用成为现实或更进一步加强了.

计算机快速、准确的计算能力为自然科学、社会科学的定量研究和用科学理论定量地指导实践打开了新的局面,使得近似计算方法作为一种科学方法开始发展起来了,从而为科学的发展开辟了新的方向.

　　计算机产生之前,许多科学技术问题在表述成数字形式以后,往往由于无法求出数值解,而只能束之高阁,或流于泛泛而谈的地步.如我们前面所说的天气预报,以及 18、19 世纪出现的许多微分方程问题,当时能够求出解析形式的解的只是极少数,很多问题只能依靠近似计算的方法,如求简单的积分 $y = \int e^{-x^2} dx$,也只能采用近似计算方法.但相当多的情形是计算量非常之大,人力或一般计算器械无能为力.下面,我们来看看今日人造卫星、宇宙飞船等涉及的三体问题.

　　三体问题是 n 体问题的一个特例. n 体问题,就是研究 n 个物体在相互吸引力的作用下的运动状况.自从牛顿发现了万有引力定律、牛顿运动第二定律之后,通过六个二阶方程的常微分方程组,牛顿本人和 17、18 世纪的数学家、物理学家已解决了二体问题,如太阳、地球的运动问题,获得了精确的解析解.于是,人们开始研究一般的 n 体问题,当然首要是三体问题.人们发现,研究 n 体问题(包括三体问题),其原理都是一样的,即只用到简单的牛顿万有引力定律和第二运动定律,就可列出微分方程组:

$$\begin{cases} m_i \dfrac{d^2 x_i}{dt^2} = - km_i \displaystyle\sum_{j=1}^{n} m_j \dfrac{x_i - x_j}{r_{ij}^3} \\[3mm] m_i \dfrac{d^2 y_i}{dt^2} = - km_i \displaystyle\sum_{j=1}^{n} m_j \dfrac{y_i - y_j}{r_{ij}^3} \\[3mm] m_i \dfrac{d^2 z_i}{dt^2} = - km_i \displaystyle\sum_{j=1}^{n} m_j \dfrac{z_i - z_j}{r_{ij}^3} \end{cases}$$

其中, $j \neq i$; $i, j = 1, 2, \cdots, n$,共有 $3n$ 个二阶微分方程. $m_1, m_2, \cdots, m_n$ 表示 n 个物体的质量, (x_i, y_i, z_i) 表示第 i 个质量为 m_i 的物体相对于固定坐标系的空间坐标, r_{ij} 为从 m_i 到 m_j 的距离,

$$r_{ij} = \sqrt{(x_i - x_j)^2 + (y_i - y_j)^2 + (z_i - z_j)^2}$$

但是,人们不久就认识到, n 体问题,甚至哪怕是较简单的三体问题,也不能用解析方式求出它们的解.因此人们对这个问题采取了这样的方向:一个方向是探索可以导出什么样的、至少可以阐明运动的定理;另一个方向就是寻求近似解.

　　寻求三体问题的近似解在 18、19 世纪曾取得了一些进展,但那时

解决这个问题并不具有太大的现实意义,因而人们对其近似解过程中的巨大的、超越常人的工作量似乎不大关注.

但是,进入 20 世纪后,航天科学的发展使得这个问题变得异乎寻常的重要.原来,人造地球卫星、宇宙飞船轨道的选取与求解三体问题的原理是一样的,因为这是由地球、月亮以及其他星球和人造地球卫星(或宇宙飞船)构成的多体问题,因而微分方程和计算方法都是类似的.

正是由于计算机的出现,运用了电子计算机,进行快速、准确的数值近似计算,才使得苏联、美国相继在 20 世纪 50 年代末成功地对人造地球卫星所涉及的三体与多体问题进行了计算(当然还要航天材料以及技术的进步),终于发射了人造地球卫星.因此,这样的评价一点也不过分:科学原理虽然早已清楚,如果没有先进的计算手段,人是不可能跨出地球,到太空去遨游的①.

今天,复杂的工程设计,大规模的系统研究,离开了计算机简直寸步难行.在一定程度上,计算机的快速计算,成了现代科学技术的支柱.准确、快速,使得计算机的应用日益广泛.

电子计算机的应用开拓出了一系列数学研究的新领域、新课题、新方法,使得许多新的学科得以陆续诞生.

首先,电子计算机的兴起使得与计算机的设计、理论及其相关的哲学、社会问题有关的学科得到了极大的发展,从 1946 年(当然有些可以上溯得更早)至今就形成了一门独立的计算机科学.

数理逻辑与计算机发展有着十分密切的联系.程序内存,现代电子计算机的主要特征之一,即来自图灵(Turing,1912—1954)机理论的诞生.1900 年希尔伯特提出的第十问题导致了图灵机理论.这个问题是:是否存在一种方法,根据这种方法可以通过有限步运算来判定一个有任意个未知数的、系数为有理整数的丢番图方程(即不定方程)是否有有理整数解.数学家们猜想,可能不存在这样的方法,但要说明这一点,首先必须回答,什么是"有效方法"?图灵从彻底分析"计算"的本质入手,描述了这种"有效方法".经过分析,图灵提出了这样的看

① 孙小礼:《数学·科学·哲学》,第 115 页,光明日报出版社,1988 年.

法:任何计算都可以看作是由一个抽象的计算机来做的.它使用长条带子上成串的 0 和 1,执行下列各种指令:①写符号 0;②写符号 1;③向左移一格;④向右移一格;⑤观察现在扫描的符号并相应选择下一个步骤;⑥停止.将这种想法详细地给出数学上的定义,就是图灵计算机——简称图灵机.希尔伯特提出的第十问题也归结为:为了解这个问题,某种特殊能力的图灵机是否存在.1970 年,苏联的马蒂塞维奇(Матиясеъцл)最终证明了第十问题的答案是否定的.但是,20 世纪 30 年代以后,人们所关注的并不是第十问题,而是图灵机了.

图灵成功地对人的计算活动给出了精确的定义,给出了图灵机的概念,这种想法导致了后来的电子计算机.这样,在数学史、计算机科学发展史上出现了一个十分有趣的现象:研究"可计算的"精确定义早于实际建造计算机.今天,"可计算性""计算的复杂性"这些计算机理论中出现的问题,已经广泛地引起了数学家与数理逻辑学者的兴趣.

因此,我们看到,图灵机理论作为递归函数论(又名可计算性理论)的一个分支,而递归函数论又是数理逻辑的一个重要领域,从而出现了数理逻辑的研究为计算机奠定了基础的局面.随着计算机的发展,数理逻辑广泛地应用于计算机科学,出现了程序逻辑、逻辑型程序设计语言、交换型程序设计语言、程序验证、程序综合、形式语义学(包括操作语义学、指称语义学、公理语义学)、计算复杂性理论(包括抽象计算复杂性理论、机器计算复杂性理论)等.计算机的发展也对数理逻辑产生了积极影响,促进了各种非古典逻辑的发展.

计算机的发展,促进了社会的极大变化,被东西方众多的政治家、社会学家认为是继农业浪潮、工业浪潮之后冲击人类社会的第三次浪潮的契机."新技术革命""后工业社会"等成了新的社会学课题.

快速、具有记忆特点以及具有越来越多功能的计算机,促进了人工智能的产生和发展,由此又产生了令哲学家和大众感兴趣的课题:计算机(或称之为电脑)能够最终取代人吗? 人工智能与人的智能究竟有什么本质差异? 人有什么用途? 除此之外,计算机犯罪、计算机操纵下的武器系统、公交系统、环卫系统、城建系统的责任等一系列伦理学问题,也随之产生了,从而引起了哲学界和社会各界人士的关注.

随着计算机的日益普及,使得许多学科受到了人们的重视.如结构力学,现在电子计算机已经能对大型工程、桥梁的受力分支给出详细的参数,因此结构力学现在得到了大力发展.以前为纯粹数学家不感兴趣的计算数学,现在由于计算数学有了计算机的帮助,从而赢得了社会及数学界的重视,形成了一门单独的计算数学(或称数值分析).实际上,计算机提供了进行多次试验计算的可能性,为数学研究提供了有力的"实验工具",如色散波方程这样复杂的问题,纯粹数学家长期寻求其数值解都失败了,但利用计算机终于在荧光屏上获得了孤立子解.计算数学、应用数学的发展都是与计算机结合在一起才取得突破成就的.

计算机的发展,还促进了许多新的边缘学科的崛起.计量经济学、计算化学、计算生物学、计算天文学、计算物理学等,现在都在蓬勃发展之中,计算机给这些学科注入了新的生命.

下面我们以计算物理学、计算几何为例,来看看这方面的应用.

由于物理学研究的体系越来越复杂,传统的解析方法往往不能满足物理学研究的需要,而计算机的发展却为物理学研究提供了有效的工具,在这种情况下,计算物理学诞生了.计算物理学使得物理学从研究较少自由度的体系转变到具有较多自由度的体系,不仅为理论物理研究开拓了新的领域,而且使实验物理研究进入了一个新的时期,因此,有人说物理学今天是三足鼎立:理论物理、实验物理、计算物理.

计算几何(Computational Geometry)这个术语最初是由闵斯基(Minsky)和巴帕(Papent)在 1969 年作为模型识别的代用词而提出来的.1972 年,弗尔斯特(A. R. Forrest)给出了正式定义:计算几何就是对几何外形信息的计算机表示、分析和综合.利用几何外形信息(如平面或空间曲线和曲面的型值点、特征多边形的顶点),可以做出数学模型(如曲线的方程),通过电子计算机进行计算,求得足够多的信息,就是计算机表示.然后再对它们进行分析和综合.

与计算几何密切相关的另一门新型学科是"计算机辅助几何设计"(Computer Aided Geometrical Design)简称"CAGD",它是另一类新技术 CAD/CAM(Computer Aided Design/Computer Aided Manufacture),即计算机辅助设计与计算机辅助制造的一个分支.自从 20 世纪 60 年代中期提出用计算机辅助几何设计以来,"CAGD"在短时期内有了很大发展.

5.3　计算机与数学模型

电子计算机的出现,使得数学模型具有特别重要的意义.数学之所以能够在自然科学、社会科学及其他学科中发挥重要作用,其根源在于在这些学科中可以建立起数学模型,从而通过研究数学模型,对这些学科中的具体问题给出定量解答.在这个意义上,可以认为数学模型是在各种不相同的学科(从探索物质结构的粒子物理学到人际关系之处理的社会学)、技术领域内运用数学思想和数学方法的出发点.

在电子计算机出现以前,诸多学科的研究者们为了避免大量艰苦的运算,都不得不被迫简化自己所建立的模型,如减少所涉及的变量,尽可能少地考虑其中的因素.快速电子计算机出现以后,从根本上改变了运用数学模型的态度.为了获得准确的答案,人们不必像以前一样煞费苦心去做简化了.不仅如此,由于计算机快速、精确的运算,还使得以前人们认为太复杂而难以建立数学模型的系统,今天也可以建立数学模型了.例如,对于一个社会的经济运行情况,由于其中因素太多,因此,如果利用手工计算而建立数学模型,是难以想象的.但计算机的出现却使得这种数学模型可以建立起来了.许多以前只是从理论上认为可以建立数学模型的问题,现在有相当大一部分能够实现了.

在运用数学方法研究其他学科的实际问题时,一般都要经历这样几个步骤:

(1)用数学语言、方法表述所要研究的问题,建立起合适的数学模型.

(2)通过各种数学方法(如寻求解析解、几何解、近似解),求出数学问题的解.

(3)对所求出的数学解,在所研究的实际问题中做出解释和评价,以形成对所研究的实际问题的判断和预见.

如近代科学的第一次大综合——牛顿经典力学的创立,完整地体现了数学方法研究实际问题的过程.首先,牛顿以公理化为指导创立一种经过简化的"想象结构",在其中可以自由地考察由他设置的一切原始条件所产生的数学关系,这样就建立了一个较好的数学模型;然后,利用微积分、几何学知识求出所建立的数学模型的答案,在这一过程中,发展出了今天为人们所熟悉的微分方程、变分法数学理论;最后,经典力学得出了许多具体力学定律.经典力学后来被大量应用于工程、水利、军事、天文等许多领域,而且利用由数学模型推导出的理论,做出了彗星、海王星等许多预测,就连牛顿的墓志铭也是:"他以几乎神一般的思维力,最先说明了行星的运动和图像,彗星的轨道和大海的潮汐……"

电子计算机的快速、准确计算和逻辑判别能力,使得可以建立数学模型的范围大大扩充了.

现在人人都十分关心物价问题.相当长时间内有这样一个现象:比如说猪肉价格将要每公斤上涨 1 元,按每个市民每月消费 4 公斤计算,政府决定给每个市民每人每月补助 5 元.因此政府和相当一部分经济人士会宣传说,猪肉上涨不会造成市民生活水平下降和生活费用增高,因为每月补助的 5 元足以抵消猪肉上涨的消费,而且还有节余.

问题果真如此吗? 这种解释只是建立在一种虚假的设想上:人们的一切消费就是吃肉,其他的消费与猪肉无关,或者说猪肉的上涨不会导致其他的连锁反应,也就是说物价的诸因素是互不相关的.这可能吗?

事实上,猪肉价格的上涨必定导致农民养猪所需粮食价格的上涨,从而导致整个粮食价格的上涨,因此不可避免地将导致各种粮食食品及肉类食品价格的上涨;不仅如此,肉类价格上涨还将对产业工人、服务业工人的实际收入产生影响.在企业自负盈亏的情况下,为了使工人的实际生活水平不至下降,因此对工人的物价补贴、工资的提高必定要通过产品价格反映出来.如理发与猪肉上涨似不相关,但理发师的肉食补贴及其他由于肉类产品、粮食产品上涨而必然导致的工资增加,只能通过顾客的理发费的上涨来实现.因此有的理发师对抱怨理发费上涨的顾客风趣地说:"猪头上涨了,人头岂有不涨之理!"

这就表明,物价绝不是简单的线性关系,物价与诸多因素密切相关,正因为如此,才使得人们觉得有必要建立物价的数学模型:

$$P = P(x_1, x_2, \cdots)$$

许多经济学家一直都在努力建立物价的数学模型,但是,这样的数学模型决然不是像 $f = ma$，$f = G\frac{m_1 m_2}{r^2}$ 或 $E = mc^2$ 这样简单的自然法则，所要处理的问题千头万绪，工作量极大. 因此，只有借助于电子计算机，才有可能处理这样的问题，也就是，只有在今天计算机能够实用的前提下，经济学家们才提出了一系列比较切合实际的物价数学模型，从而通过计算（客观、准确）诸如猪肉上涨给社会带来的经济影响，来为政府的经济决策提供可靠的依据.

　　虽然 19 世纪已经出现了数理经济学派，开始了利用数学模型从事经济研究的活动，但人们对经济中运用数学的看法却是与计算速度密切相关的. 19 世纪著名的经济学家阿尔福·马歇尔（Alfred Marshall），尽管曾经是剑桥大学数学学位考试第一名，原来还是一位数学家，并且被许多人认为其著作对数学有洞察力，但是当谈到数学在他的经济学中所起的作用时，他是这样认为的："近年来搞这门学科时，我越来越感到一个涉及经济学假设的优秀数学定理不大可能成为真正的经济学规律，我自己越来越遵循下述做法：(1)把数学作为一种速记语言，而不是把它当作研究问题的工具；(2)只要可以就坚持下去；(3)译成日常语言；(4)然后用现实生活中的重要例子来说明；(5)如果第四项做不下去，那么也就不必做第三项. 我常常就是这样的."所以在阿尔福·马歇尔手中，数学只是一件经济学研究中的辅助手段. 由于没有高速的计算工具，因而使得数学关系在经济学中受到了极大怀疑.

　　不仅如此，由于建立的大多数经济方面的数学模型不能定量地揭示经济规律，因此这样的数学模型较之传统的经济学定性理论并不具有多大优势. 这样，有不少人对经济学中的数学模型持一种嘲笑的态度："如此构造起来的模型，尽管毫无实用价值，却可以起到一种有用的学术作用……毫无疑问，在经济学中长期沉湎于数学演算是有害的，这将使我们的判断力和直观感觉丧失殆尽."于是有人认为要在经济学中考虑数学模型，其主要原因之一是需要这样的手段去筛选学生.

　　但是，计算机却使得经济学中的数学模型获得了巨大的价值. 1967 年有人给出了住宅问题的数学模型，这一模型尽管是用来刻画先前状况的,但却由于计算机的使用,使得处理大量数据成为可能了.

数学模型越来越受青睐了.1969年,首次诺贝尔经济奖就授予了"因为研制和应用了某些动态模型来分析经济过程"的经济学家;1980年,克莱因·劳伦斯(Klein Lawrence)因为设计了预测经济变动的计算机模式而获得诺贝尔经济奖;1981年,图宾·詹姆士(Tobin James)则由于投资决策的数学模型获得诺贝尔经济奖.

5.4 机器证明与数学证明

早在17世纪,德国数学家莱布尼茨设想:我们要造成这样一个结果,使所有的推理错误都只成为计算的错误.这样,当争论发生的时候,只需计算,就是非分明了.电子计算机出现以后,人们开始真正设想,能不能使得数学研究这样的脑力劳动机械化呢?

我国著名数学家吴文俊认为,如果考察一下数千年的数学发展史,不难发现,数学多次重大突破都与数学的机械化有关.当然他理解的机械化就是算法化和规范化[①].算术中有许多四则难题,每题求解都要煞费苦心.但代数出现以后,许多问题一列方程,其过程就成为机械性的了,变得轻而易举.欧氏几何定理的证明,需要添加各种辅助线及其他一些很高超的技巧,但解析几何却使得有些定理的证明成为机械过程了.微积分使得求面积、体积、曲面切线、极值等问题已成了机械的求导数、求积分了.计算机的出现,将使数学的机械化向前推进.

早在20世纪二三十年代,数理逻辑学家们就关注过利用计算机进行数学证明的问题.波兰著名的数学家、逻辑学家塔斯基(A. Tarski,1902—1983)做出了贡献.他在1948年的一本经典著作《初等代数和几何的判定法》[②]中,证明了,初等几何及初等代数的定理证明是能机械化的,并且给出了具体的机械化证明方法,这为人们开始这方面的可行性研究树立了信心.塔斯基的工作具有异乎寻常的影响,以后柯亨(Cohen,1934—2007)、王浩及吴文俊等人的工作都深受他的影响.

1956年,美国开始了利用电子计算机进行数学定理证明的尝试.

---

① 《吴文俊文集》,第296页,山东教育出版社,1986年.
② 吴文俊:《几何定理机器证明的基本原理》,第Ⅲ-Ⅳ页,科学出版社,1984年.

1959 年,王浩利用计算机证明罗素、怀特海合著的《数学原理》一书中的几百条定理,只用了 9 分钟时间;1976 年,阿佩尔等又证明了著名的"四色定理".

利用计算机进行数学证明可以是多方面的,但比较困难,而相对来说今天发展得较完善的是几何定理的机器证明.一般说来,几何定理的机器证明问题可以分成下面三个步骤:

(1)从几何的公理系统出发,引进坐标系统,使任意几何定理的证明问题成为纯代数问题(几何的代数化与坐标化).

(2)将几何定理假设部分的代数关系式进行整理,然后依照确定步骤,验证定理终结部分的代数关系式是否可以从假设部分已整理成序的代数关系式中推出(几何的机械化).

(3)依据第二步中的确定步骤编成程序,并在计算机上实施,以得出定理是否成立的最后结论.

如果一门几何可以找到这样三步来完成定理的证明(实际上只要前面两步就够了),则称这门几何可以机械化,并把可以机械化的定理称为机械化定理.机器证明大体上经历这样一个过程①:

$$公理化 \longrightarrow 代数化 \longrightarrow 坐标化 \longrightarrow 机械化$$

现在,人们已经证明了,奠基于各种公理系统的各种初等几何(初等,指不涉及二阶谓词演算),只需相当于乘法交换律的这些公理成立,大都可以机械化.从理论上讲,这些几何的定理可以借助计算机来实施其证明.可以机械化的几何包括:欧氏几何;有序投影几何;无序投影几何;鲍利亚-罗巴切夫斯基非欧几何;黎曼非欧几何;墨比乌斯(Möbius)圆几何;等等.

值得指出,塔斯基早年虽证明了初等代数、初等几何可以机械化,但真正在计算机上实施却十分复杂,以致到了难以真正证明的地步.随着研究的进一步深入,今天人们已能根据机械化方法编制程序,在计算机上给出了证明.人们利用台式计算机(如长城 203),就可以证明并不简单的西姆森(Simson)定理:从圆周上任一点,向圆内接三角形的三条边引垂线,则三垂足在一条直线上.

① 吴文俊:《几何定理机器证明的基本定理》,第 229 页.

不仅如此,人们还证明了微分几何中的一些主要定理、三角函数、双曲函数等一类超越函数公式的证明也可以机械化.因此,可以预料,随着计算机愈来愈小型化而内存又愈来愈大,以及机器证明理论研究的不断深入,将会开辟机器证明的新天地.

机器证明在理论上和实践上的成果,为今日教育开辟了一个全新的领域.一方面,传统的数学内容有相当部分可以在计算机上得到实现,因此数学教学将要做相应调整;另一方面,数学作为其他教育的基础,应当如何发挥其作用呢? 还有,作为训练人的智力的欧氏几何,其证明过程可以由机器完成,那么,数学在训练人的智能方面的功能将怎样实现呢? 这些问题,值得我们思考.

机器证明不能解决所有的数学问题.实际上,它绝大部分的证明都是人们已经知道的结果."四色定理"是它证明的第一个未被人证明的结果,但是,人们后来陆续发现其过程中有不少错误.虽然它的设计者宣称,这些错误"无关宏旨",并且已就发现的错误进行了修正.近年来,不断有人对它的证明程序进行简化,因而证明的正确性日益被数学界接受.

我们认为,机器证明对于数学在教育中的作用不是削弱了,而是加强了.在这方面,人-机对话方式将是发挥机器证明效能的较好方式.

5.5 形式化的计算机语言与教育的关系

为了解决集合论中的悖论提出的数学基础问题,希尔伯特提出了形式主义(Formalism)的解决方案.从 1904 年开始,以他为首形成了关于数学基础的形式主义派(Formalist School).形式主义主张,数学本身是一堆形式系统,各自建立自己的逻辑,同时建立自己的数学;各有自己的符号概念,自己的公理,自己推导定理的法则,以及自己的定理.把这些演绎系统的每一个都开展起来,就是数学的任务.这样,数学就不成为关于任何东西的一门学科,而仅仅是一堆形式系统.在每一个系统中,形式表达式都是变换另一些表达式得到的.数学的任务是将形式系统公理化,数学可靠性的标准是公理系统的无矛盾性.

然而 1931 年,哥德尔(Gödel,1906—1976)证明的不完备性定理

(Incompleteness Theorem)却宣告,不仅是数学的全部,甚至是任何一个有意义的分支也不能归结为一个公理系统,因为任何这样的公理系统都是不完备的.即,存在这样的语句,它的概念属于这个公理系统,它不能在该系统之内证明出来,但是却可以用非形式的论证(即不采用该公理系统的语言)来证明它是真的.哥德尔不完备性定理实际上宣告了形式主义的失败.

但是,希尔伯特所提出的形式化的理论——形式系统(Formal System)的思想,以及他的关于把数学问题形式化的思想却对电子计算机产生了积极的影响.沿着希尔伯特所引发的课题,在今日与计算机有关的数理逻辑中形成了有关形式化和形式系统的概念.按照这种概念,一个形式化规则就是一种算法——一种能机械地施行的程序;一个形式系统则是这样一个公理系统:在这个公理系统中,提出来的任何证明都能机械地检查,以决定它是否确实是一个证明.关于形式化、形式系统的讨论是数理逻辑中十分专门的问题,这里就不详细讨论了.由此提供的一个线索就是,为了能够有效地利用计算机来解决问题,我们必须首先使得这些问题在数学上能形式化.

电子计算机的重要特征之一,是它要求一种形式的、符号的语言,以便把指令传达给它;同时,它也有能力解释以该语言表述的任何指令.尤其重要的是,这种计算机语言不限于数字的范围.较高级的语言可以叠加在机器语言上,然后由计算机本身把它编译成或解释成机械语言,利用这种方法,可以使得人们易于把信息告诉机器.

因此,要利用计算机,首先必须把问题形式化,必须建立一个形式系统,规定所用的符号,规定联结成符号串的规则,然后建立一些规则,说明怎样对这些符号串进行处理.因此,需要求解的问题可以用符号串表示出来,问题的解也可以表现为对符号串的一些要求或条件.计算机解决一个问题的过程,就是从表示问题的符号串出发,按规则进行加工,直到得出符合要求的符号串为止——这一整套办法,就是人们常说的形式化.计算机进行计算、识别、判断、翻译等一切应用,都是依靠形式化才实现的.

计算机的形式化方法,在处理有关的一系列问题中,能够有效地实现数学所具有的特点和功能.

高度的抽象,这是数学的特点之一,形式化的计算机程序语言,使得这一点得到充分的发挥.

精确性——逻辑的严格性和结论的确定性,这是数学的重要特点和功能,数学正是要以很高的精确度来描述各种现象.计算机程序设计的形式化很好地执行了这种功能.计算机在本质上只能机械地执行人所赋予的指令,因此程序的精确含义就由计算机对该程序的解释和执行而确定了,因而就必定不能有含糊不清之处(否则计算机就会停止工作).而且储存在计算机储存器中的符号结论也绝对不能允许出现歧义.因此,精确性可以而且必须绝对保证.

由于计算机在诸多学科中发挥着越来越重要的作用,因此在今日的教育中,不仅自然科学、工程技术的教育必须让学生学习各种计算机语言,经济学、统计学、心理学、图书馆学、情报学、社会学的学生也必须掌握计算机语言,学会使用计算机.在这种情况下,要求我们在教育中,培养学生建立数学模型的能力.这种能力的培养,今天除了数学之外,还没有任何一种教育能够承担.因此,掌握计算机,不仅仅只是学会程序,学会操作,更主要的是必须让学生能够将问题形式化.在这方面,只有大力加强数学教育,才能使学生具备这种能力.这样会使我们相信这样的事实:为了使得计算机能为人们广泛利用,数学的训练功能是必不可少的.这是在新技术革命条件下,数学在教育中所起的进一步的作用.

5.6 计算机与教育

计算机不仅因为它的应用的广泛性而对整个教育产生了越来越大的影响,它还直接用于教育方面,给古老的教育注入了新的活力[①].

自从电子计算机问世以后,人们对教育方面能否直接利用计算机进行了认真、热烈的讨论.但是,相当长一段时间内,由于计算机十分庞大,价格昂贵,尽管从 20 世纪 60 年代开始人们就研究在教育中使用计算机,实际上需要有足够的财力才能普及.

个人计算机的出现,极大地加速了电子计算机在学校的应用.大规模集成电路和超大规模集成电路的出现,使得自 80 年代以来,欧美

---

① L. A. Steen, D. J. Albers. Teaching Teachers,Teaching Students, p. 112-119. Birkhüuser, Boston, 1981.

西方国家掀起了自动化的热潮.个人计算机快速发展以来,其性能不断提高,而价格却不断降低,因而使得普及计算机成为可能.而且,个人计算机大量生产,销售对象逐渐转向教育领域,计算机用于教育日益引起人们的重视.不仅如此,理论计算机科学的高速发展,人工智能的飞速突破,计算机已经具备了一般的知识条件:"能阅读、能写字、能运算",人-机对话形成了较为完备的体系,学习机、专家系统都在不断发展、充实.因此,20世纪80年代在世界范围内,计算机进入一般的学校参与教育已成为现实了.进入90年代后,个人计算机(PC机)已越来越多地进入中国的大、中、小学,进入家庭.个人计算机如何在教育中发挥作用,已引起了中国社会的关注.

自从班级授课出现以后,数百年来,教学的主要方式是由教员讲课,学生静静地听,接受教师传授的知识,然后课后做习题,交给教师评判.这种传统的教学方式是以教员为中心的,学生围着教员转.而19世纪、20世纪的新教育理论,却猛烈抨击这种教学方式,强调学习的主导者应该是学生,教师应该沿着学生的思维流去启发、引导、激励学生自发的学习意图,从而让学生有一定的主动性去理解和接受知识.传统教学中听课的时间占据的课时很多,尤其在中小学.而新的现代教育理论却强调应该增加学生的自学时间,培养学生的自学能力."学习的目的是学会如何学习",教师应该摒弃注入式,采用解决问题、以问题为中心的方式去组织课程,只有这样,才有可能培养出知识丰富、善于思考和善于解决问题的人才.新的教育理论自从提出后,尽管人们做了大量努力,但一直找不到合适的方式实现这些理论.电子计算机的出现,特别是个人计算机的大量生产和普及,人们发现,计算机是新的教育理论的最适合的工具.于是,计算机参与教育就有了现实的基础.

计算机教育(Computer Education)包括:计算机科学与工程专业人才以及计算机应用人才的培养,计算机知识向社会的普及和计算机在教育中的应用.这个词有双重含义:以计算机为教学内容;以计算机为教育辅助手段.

计算机教育是数学在教育中的一个新的方面.虽然,计算机科学作为一门独立的学科在20世纪60年代才形成,我国从1955年起在许多大学才开始设立计算机专业,今天许多大学都设立了电子计算机科学系,甚至还成立了专门的计算机学院.不仅大学的理科系几乎全都开设了电子计算机课程,就是许多社会科学及其他学科的系也开设了电子计算机选修课.中小学开设计算机课程已在我国越来越普遍了.

美国计算机协会还成立了专门的计算机科学课程委员会,负责大学本科生、硕士生、博士生的计算机教育.国际计算机学会也多次召开计算机教育会议,研究课程计划和详细的培养计划.

计算机科学技术具有技术密集、知识密集、应用面广、更新速度快、对社会影响大等特点.因此,计算机教育对于人才培养、学科发展、促进应用、社会进步、教育改革等都具有重要意义.作为以计算机为教学内容的计算机教育,它担负着以下任务:

(1)培养高水平的计算机专家.

(2)向社会各界普及计算机知识.

(3)促进教育的变革,参与计算机辅助教学.

随着计算机向社会的不断渗透,计算机教育在教育中的作用已在日益增强.有人强调指出,未来的"文盲",将不仅是目不识丁的人,也要包括那些不懂计算机者.

计算机作为教学机器的试验始于 1958 年.在 20 世纪 60 年代中期进入实用阶段,开始用于计算机、数学等少数科目.今天在逐步普及.

我们在下面只讨论计算机辅助教育(教学)的有关问题.

今天,人们把计算机参与教育称为计算机辅助教育(Computer Aided Education),简称 CAE.意指利用计算机对学生的教学、训练和对教学事务的管理.它可以分为这样两种情况:

(1)计算机辅助教学(Computer-Assisted Instruction,或 Computer Aided Instruction),简称 CAI.

(2)计算机管理教学(Computer Managed Instruction),简称 CMI.

计算机辅助教育(CAE),主要是计算机辅助教学(CAI),以致有时"CAE"就用"CAI"来代替了.

计算机辅助教学(CAI)是指学生利用计算机,采用人-机对话的形式,在整个学习过程或某部分学习过程中替代教员.计算机内有预先安排好的学习计划,即编制好了计算机程序,这是通过一系列精心安排的"画面"来进行的一个个专题的教学.教学的格式类似于编排好的教材,其中的概念、内容等诸多信息分成了一系列非常细的步骤.用屏幕终端把每一个步骤显示给学生,对学生提出问题,并要求学生做出某种反应,将答案输入,根据学生的答案,学生将立即得到计算机的判决.根据学生不同的答案,电子计算机决定下一次显示哪一幅画面.如果学生答对了,便依次给学生安排更困难的问题;如果答错了,计算机的各种信息将指出过程的缺陷,程序绕过更复杂的问题,要求学生再做回答,或者给出一系列改正错误的说明,提供适当的补充说明,或者根据学生的不同情况,给出不同的说明,直到学生完全掌握这方面的知识为止.计算机辅助教学采用学生与计算机对话方式进行.

作为现代高技术运用于社会的范例,电子计算机辅助教学的成果是非常显著的,它改变了千百年来的教学传统,为人类的教育事业掀开了新的一页.美国、日本、英国、法国等发达国家在这方面基本上达到了普及的程度,不仅大、中小学普遍使用计算机,就是学龄前教育中也开始简单的利用计算机.

计算机辅助教学,使历代教育家所期望、倡导的"因材施教"成为可能.由于学生与计算机之间的关系是一对一的,从而允许学生按自己的速度进行学习,对自己所面临的难点进行有针对性的突破,使整个教学适合个体的智力、基础知识等.而且,这样一来,可以大大减轻教师的负担,使他们能够抽出更多的时间进行个别辅导.计算机还可用于"诊断",一旦发现学生存在的问题,可以集中到问题区域,进行重点突破.现在,一套软件可以有数百、成千上万个终端,从而在一定程度上有了"师生"之间的一对一的关系,这样,可以实施充分的个别教育,使"因材施教"名副其实.

心理因素对一个人的影响很大,利用计算机可以使用传统教学法教不好的学生,在克服心理因素以后取得显著成绩.计算机是一人一个终端,在单独场合使用,只引起个人注意,可使学生避免像公开答错或进度比别的同学慢时出现难堪的局面而形成心理障碍的情况,更有利于学习.老师、同学都不在场,心理承受能力差的学生信心将会增强,从而激励学生学习.

　　教学能力强、经验丰富的教师总是很受人欢迎的.利用计算机,可以集中最好的教师的经验,在相当大的范围内,使学生拥有最好的老师.同时,也可以缓解教师的短缺.

　　在计算机上可以随时求解问题,可以促使学生从小开始形成自己的问题,并寻求答案,这样使学生变被动学习为主动学习,会大大促进学生的智力和创造力.

　　电子计算机的终端屏幕显示,可以使教学形象直观,加快学生对抽象问题的理解.如在几何教学中,计算机画图可以使学生清楚地看到图形的形成过程,从而对几何性质认识得更加清楚;几何变换可以变成屏幕中的图形旋转,生动地显示出变换的性质;学生对立体图形的虚线部分,在空间想象力不强时,总是把握不定,而计算机可以让学生从不同侧面看到立体图形,这对于空间想象力的培养无疑是非常重要的.计算机具有模拟复杂过程、模拟事件的能力,对于相当多的抽象科学理论,可以提供看得见的表达式,如高速气体的运动理论,气体分子的随机运动,等等,计算机都可以提供生动的模型表示.对于必须依靠具体形象才会思维的儿童,这种教学显得尤其重要.

　　计算机辅助教学还可以参与学生的游戏,从而增加学生的兴趣,而且这种游戏不会使学生之间产生对立,同时又让学生学到许多知识.

　　计算机辅助教学管理(CMI),是指将计算机应用于教学的设计和评价以及学校的教学行政.利用计算机,可以收集学生的详细状况,对学生的学习状况进行诊断,从而协助教师更好地教学.计算机可以帮助教师客观地检测学生的成绩,评价每个学生的理解能力、解题能力、分析问题的能力,从而改进自己的讲授内容和教学方法.同时,还可以实施新的教育思想和教学方法,并对此给出可行性估计.

　　另外,计算机还可以参与教学行政,除了发挥一般的办公自动化的功能外,还能用于科学地编制课程表、学籍管理、档案管理以及教室的利用情况等.

　　归纳起来,计算机辅助教学有一系列显著的作用,主要是:

（1）大幅度降低教育成本．当然这是指在个人计算机普及的发达国家．在这些国家，一台 PC 机只相当于教师一个月左右的工资，而 PC 机配上软件却可以教授许多课程．

（2）学生可以根据自己的能力控制进度，适宜于因材施教．

（3）可以立即对学生的习题练习、测验做出回答，评定成绩，并指出错误，同时可以根据具体情况指导下一步的学习内容．有助于加强对正确结果的记忆，改正错误．

（4）与录像机、测量设备等（有时使用多媒体）连在一起，在教学中提供动态的画面和曲线、全景情形，有助于扩大眼界，加深理解．

（5）以人-机对话为基础，有助于调动学习的主动性，促使学生更积极地思考．

（6）以人工智能为基础的教学机可以指导学生进行归纳、演绎，指导学生去发现知识，把注入式的学习过程变成发现、发明的过程，从而提高学生的独立思考能力．

计算机辅助教学，虽然有一定的作用，但在教学中依然不会也不可能是全能的．不仅如此，计算机辅助教学还可能带来"计算机病"，这是欧美在经过若干年计算机辅助教学尝试后得到的一个教训．

据欧洲理事会所属文化合作委员会提供的资料表明，在 24 个成员国的教育部部长的一次集会上，他们对西欧中小学使用电子计算机等情况作过总结，提出学校利用计算机辅助教学易产生下述弊病[①]：

（1）学生长期在计算机包围下，生活在模拟世界中，会失去真实感．

（2）长期面对计算机，社会活动少，造成学生个性孤僻．

（3）长期使用计算机，结构思维会代替创造思维．

（4）长期利用计算机，学生以为任何知识都可通过计算机获得，从而减少努力学习、积极求知的欲望．

（5）利用计算机阅读、写作、通信、解题、自我评分，缺少人际相互交流过程，容易造成智能低下．

（6）如果教育当局指定或学校选用的教学软件不当或计算机质量

---

① 见《外国教育动态》，1988 年第 6 期，第 61-62 页．

不好,其危害面将会很广而且危害甚大.

(7)学生在校、在家很长时间坐在屏幕旁,对眼睛和脊背不利.

针对上述情况,24国的教育部长们提出了若干补救意见. 总之,计算机在教学中能起很大的作用,但无论如何,不能完全代替教师,也许,永远不能代替教师的作用.

电子计算机对教育的影响是多方面、多层次的,我们对此应该持积极、慎重的态度.

六　数学教育:实践与变革

数学的重要性是公认的,因而数学在教育中占有特殊的地位.但是,如何在教育中发挥数学的作用,使数学在培养人的过程中起到它应有的作用,换句话说,怎样把数学教好,怎样使学生学好,这是一个很难解决的问题.

不仅如此,在教育中,数学几乎是一门最令学生头疼的功课,甚至由于数学课对学生的压力,妨碍了学生的全面发展,因此,研究上述问题的解决就成为一个非常重要的问题.

事实上,对数学在教育中的作用以及数学教育应该如何进行,近一百年来在世界范围内进行过广泛深入的讨论.数学在教育中反反复复的实践历程,为我们提供了一个可供参考的思路.今天,我们也应该认真思考一下,面对现实,拿出切实可行的方案.

6.1　近代数学教育的一次改革试验

一般的数学教育,大约在 19 世纪初已成为西方各国教育体系中的组成部分.

与 17、18 世纪强调实用性的数学教育不同,经过法国大革命后,19 世纪数学教育的内容大部分是"理论数学"——以重视逻辑推理和十分强调技巧性的欧氏几何为主.一方面,数学教学主要是讲授如何解各种各样的难题,几何课本是欧几里得《几何原本》的最初几章,代数和三角则是非常古老的内容.

另一方面,与当时物理、化学教材推陈出新、及时反映最新成果的状况形成鲜明对照,数学教材(主要以中等学校为主)一直到 19 世纪末,其内容也仅仅只限于从古希腊时代起,至 17 世纪数学的内容.虽然 19 世纪数学取得了突飞猛进的发展,但却丝毫没有影响数学教育的改进.在 19 世纪的教育中,数学教育和 19 世纪的数学发展与科学发展,几乎没有什么关系.

在这种状况下,由于科学的迅速发展,以及社会、经济变化给人们带来的思想变化,人们开始关注数学在教育中的作用.19 世纪下半叶,出现了"研究数学是否可以锻炼智力"的大辩论,这场辩论在一定程度上诱发了近代数学教育改革.

英国哲学家威廉·哈密顿(William Hamilton,1788—1856)于 1836 年在《爱丁堡评论》上发表了著名的对数学教育的价值进行攻击的文章,他说:"数学是一门无任何意义的学科,历史事实证明,对于人的智力的进步来说,数学起的作用比任何其他学科起的作用都小."他强调指出,学习数学会使人丧失对真理的信仰,对于日常生活中的是非也缺乏明确的判断,使人的能力退化,而且还举例认为许多数学家发现数学于人的智力无丝毫作用后而抛弃了数学.他因而极力主张在教育中除掉数学.

德国著名的唯意志论哲学家叔本华(A. Schopenhauer,1788—1860)则认为数学是最低级的精神活动.1844 年,在他的名著《作为意志和表象的世界》(The World as Will and Idea)中对欧氏几何进行了全面攻击,认为它对人的思维训练妨碍了人们正常能力的发展.

在攻击数学功能的教育人士中,还有著名的生物学家、《天演论》的作者赫胥黎(T. H. Huxley,1825—1895).1869 年他在一篇文章中指出:"数学,全然不涉及观察、归纳、因果等方法",随后又指责数学"对人进行的训练,全都是利用演绎方法.数学家工作的起点,只需要少数公理,一见即懂,无须证明,而其余的工作则都可以由此而推演出来."

对于这些攻击,19 世纪不少数学家提出了反驳.F. 克莱因(F. Klein,1849—1925)就曾专门发表过反对叔本华对数学教育作用攻击的演说.美国数学家、数学教育家、《美国数学月刊》创始人西尔维斯特(J. J. Sylvester,1814—1897)对赫胥黎的攻击进行了全面的反驳,他结合自己的切身经历和数学史实,指出:"解决数学问题,常常必须借助于新定理、新见解、新方法.在具体解决问题和从事研究的过程中,常常需要进行观察和比较,在这其中,归纳法是十分常用的.而且需要依赖实际经验.欧拉就是最具有观察力的数学家,高斯甚至说数学是一门观察的科学……数学家的工作,都离不开观察、推测、归纳、实验、经验、因果等方法."因此,他强调指出,数学在教育的过程中,能够锻炼观察、实验、归纳等智力.

既然这样,有人就向西尔维斯特发难:这些智力是学生坐在教室里就可以培养出来的吗? 西尔维斯特承认,关于这一点还很难说.他也注意到当时教科书只重记忆等弊端,认为人们的攻击也确实有一定的道理.他想,如果将数学家在研究问题过程中的种种方法贯穿于数学教学中,那么数学在教育中会起到锻炼智力的作用.

不仅社会上出现了对数学的教育作用的攻击,而且学校内部也出现了怨言.各类学校一直沿用欧儿里得《几何原本》(或经勒让德之手的改编本),教师们视其为"圣经",不愿或不敢改动一字一句,学生学起来枯燥无味,教师也觉得异常痛苦.在这种情况下,改良的意见就日渐增多.

在社会的呼吁和教师们的热烈讨论声中,1870 年终于在英国成立了"几何教育改进会"(Association for the Improvement of Geometry Teaching).经过多次讨论,该会于 1875 年出版了《平面几何要略》一书,大体上相当于欧氏几何的 1~6 卷,但由于该书的指导思想是"保存欧氏几何的精神与要素,丝毫不改动体裁及材料的完整",只是"修补书中的多处缺陷,改正一些错误与章节的次序",因而其结果只是一次很小的改良运动,没有从根本上解决问题.

此后,该会于 1897 年改名为英国数学协会(The Mathematical Association),并出版机关杂志《数学公报》(*The Mathematical Gazette*),登载关于数学教育的讨论与建议及各种实施状况.不仅如此,各国数学家也十分关注数学教育.到 19 世纪末已成立的各国数学学会,几乎无一例外地把讨论数学教育作为活动的重要内容之一.1897 年,瑞士苏黎世举行的第一次国际数学会议上,有"数学教育"组,专门讨论数学教育、数学如何在教育中发挥作用等问题.

近代数学教育改革的首创者,是英国伦敦皇家学会的力学与数学教授彼里(John Perry,1850—1920).彼里出身贫寒,曾干过多年苦力.英国早年的数学教育改良及社会上对数学教育的种种不满、责难，给了他深深的印象，由此，他决心对数学教育做一番彻底的改造.

1901 年，英国科学促进会在格拉斯哥召开甲组（数学与物理学）与乙组（教育）联席会议.在这次会议上，彼里发表了著名的《论数学教育》(*Teaching of Mathematics*)的讲演.在讲演中，他主张数学的实践并不是教会学生一些技巧，并不是将抽象的理论如何运用于自然现象和社会现象；相反，他理解的数学，是从自然现象或社会现象中，从实践中发现数学的法则.他的主要思想，是使数学教育从只注重欧氏几何的桎梏下解放出来.1902 年，英国麦克米兰公司出版了他的进一步的著述《关于数学教育的讨论》(*Discussion on the Teaching of Mathematics*)，阐述了他提出的一系列改革方案：

（1）脱离欧氏几何原本的形态.

（2）极度重视直观在几何中的作用.

（3）强调几何的实用部分.

（4）注重立体几何.

（5）重视实用的种种知识.

（6）多用方格纸.

这些方案原则上为人们所接受.自此，数学教育中欧氏几何一统天下的格局被打破了，20 世纪的数学教育从此进入了一个新的阶段，出现了许多新的教科书.

彼里的数学教育改革还在于在当时的英国教育界，就数学教育达成了如下一致意见，这些意见得到了充分的贯彻：

（1）几何学的实验和实测应该是证明的前提，但也可以利用演绎法完成其说明.

（2）可采用实验法，由教师自己决定，随机应变.

（3）小学在算术初步，就应该使用实验法.

（4）学生应当熟练掌握式子的数学运算，并且应当明白和理解种种符号的含义.

（5）学生在学习指数法则以后，应该马上向他们传授对数和对数表的用法.

（6）教材的顺序和教法应由教师灵活掌握，不可呆板.

(7)使学生学会方格纸,使学生学习代数、力学及各种实用课程.

(8)让学生了解微分之意义.

(9)在学生学习力学时,他们应能对微积分原理与符号运用自如.

(10)在学生学习高等代数、圆锥曲线之前,应让他们熟练掌握微积分.

彼里的数学教育改革,使得许多新内容如圆锥曲线、微积分等也进入了中等数学教育.他的教育改革,对全世界的数学教育都产生了积极影响.

早在彼里进行的改革之前,法国已有了代数与几何融合讲授的倾向.1902年,法国政府受彼里的影响,将中学教育制度全部革新,在数学方面的主要措施是:将高深的部分平易化,增加与日常生活有关的内容,重视直观的几何与函数概念.法国著名的数学家 E. 波莱尔(E. Borel,1871—1956)按照这个宗旨,编了一套出色的教科书,其中有算术、代数、几何、三角,都在1903年出版了.这套教材使得学生的学习兴趣大增,反响极好,先后被译成多种文字.不仅如此,法国重视教科书的传统一直在20世纪还保留着,成为各国的榜样.

F.克莱因并不像有些数学家一样,认为不应该关心中等数学教育,他直接推动了德国的数学教育改革.1904年,在德国自然科学会议上,他发表了《关于中学数学与中学物理的若干问题》(*Vortrage über den Mathematicschen unterricht an denhöheren Schulen*),提出了改革中学数学教育的方案,其要点是:

(1)顺应学生心理自然的发展,安排教材,选取教材.

(2)融合数学诸分科,并且使数学和其他各门科学紧密相连.

(3)不过于重视数学的形式陶冶,应该把重点放在应用方面,培养学生用数学的方法观察自然现象和社会现象的能力.

(4)为培养这种能力,必须以"函数观念"和"直观的几何"作为数学教材的核心.

按照这个方案,德国在1908年出现了将平面几何学、立体几何学、代数、三角、解析几何、微积分等内容融为一个整体的全新的教科书,中学的数学课时达到每周4—6小时.教学效果非常好.克莱因本人还亲自撰写了《从高观点看数学》的著作,推动了数学课程的近代化处理.

1905 年,在意大利米兰举行的科学家会议上,F. 克莱因完整地提出了其数学教育改革计划. 在这以后,他开始负责领导撰写全德数学教育报告集. 长达 8 大卷的报告集,集中显示了 20 世纪初德国数学教育的状况,在很大程度上成为德国数学教育的指导性文件,促进了德国的数学教育改革.

在德国当时的数学教育改革中,人们已开始注重教学艺术. 当时教育界认为,任何方法论的教科书都不能完全适应学生们的理解力、想象力、逻辑思维与抽象思维能力的发展. 因此,教学艺术显得非常重要,教师必须及早地提醒学生注意,数学对象与客观实体相差甚远. 学生们也会逐渐意识到这一点,这样抽象的数学可以显示其意义. 数学教学,不仅必须和自然知识相结合,而且还要调动学生的思维想象能力. 数学教育改革应在这方面下功夫.

美国的数学教育改革则得益于芝加哥大学校长慕尔(E. H. Moore,1862—1906),他不仅拥护彼里的改革主张,而且结合美国的实际,指出了美国数学教育的诸多缺陷. 1902 年 12 月 29 日,在美国数学年会上,他发表了就任会长的讲演《论数学基础》(On the Foundation of Mathematics),其中后半部分是关于数学教育的. 他说:"我赞同彼里的见解,他的见解切合实际." 慕尔进而提出了自己的建议:

(1)代数、几何、物理,可否不使它们一一孤立,而编成"有机的统一体"呢? 统一以后,才能使数学、物理与日常生活有密切关系.

(2)三角、解析几何、微积分这三门学科,无论从其起源,还是从其发展的历史来看,都和具体的实际生活密切相关,所以应该把这三门学科的基本原理结合起来,使它们之间紧密地联系在一起,而不应该让它们彼此独立.

(3)关于数学、物理的教学,都应该采用实验室的方法.

按照慕尔教授演讲的精神,美国编著了一大批新的教材;按照慕尔的第一点精神,芝加哥大学的乔治·布利氏(E. R. Breslich)打破几何、三角、代数的界限,编写了布利氏新式数学教科书,计有三册:

Breslich's First-year Mathematics;

Breslich's Second-year Mathematics;

Breslich's Third-year Mathematics.

雷甘和克拉克(Rugg,Clark)编撰了《高中数学基础》(*Funda-mentals of High-school Mathematics*);按照第二点精神,杨和摩甘(Young,Morgan)编撰了《初等数学分析》(*Elementary Mathematical Analysis*).这些教材经实践证明,是非常优秀的.

美国的数学教育改革不仅对美国的教育起了积极作用,而且极大地影响了中国的数学教育.20世纪20年代以后,中国不仅采用了美国的"六、三、三"学制,而且吸收了混合数学教学的思想.商务印书馆很早就有了布利氏新式算学教科书全三册译本,并对此书评价甚高,认为此书"以学生的经验心理为根据,由实验推原理,自原理定证法,用圆周法以明代数几何三角之关系,可以说是20世纪中等数学教育的新作."在中国使用的效果很好,一时畅销全国.

近代数学教育改革的基本精神,主要是教材、教法的近代化,结合认识过程,混合数学——实行数学各科的有机的统一,理论与实践的统一.从世界各国数学教育实施的具体情况来看,改革是相当成功的.函数、微积分、解析几何等一大批近代数学的内容进入了中等数学教科书.数学各分支之间、数学与物理等学科之间的联系更紧密了.这次数学教育改革奠定了整个20世纪数学教育的基础.

不仅如此,经过彼里、F.克莱因、慕尔等人努力的数学教育改革,已经成为一个国际性的问题.全球各国教育界都开始十分关注数学教育改革.在这种情况下,1908年于罗马举行的第四次国际数学会议上,成立了"国际数学教育委员会",委员会的常务理事是F.克莱因,英国的乔治·格林西尔(George Greenhill)和瑞士的亨利·斐尔(Henri Fehr)三人,后来美国哥伦比亚大学的D.E.史密斯(David Eugene Smith)于1912年也成为常务理事.该委员会在世界各国设立办事机构,收集各国数学教育现状的报告.在大量工作的基础上,1912年在英国剑桥大学举行的第五次国际数学会议上,参加会议的27个国家的代表,提出了近二百份各地数学教育状况报告书,其中大会印发的有150种,未印发的尚有50种.这些报告详细地收录了各国许多学校数学教育的状况,对于教育史、数学教育史、数学史具有重要参考价值.其中以 F.克莱因提供的报告最为详细.在这次会议上,与会者指出,中学数学教学的目的,在于通过系统地学习几何与代数的知识,培养学生们的推理能力,以及运用代数工具求解实际问题的能力,并且激发他们对数学的兴趣.

从当时提供的各种报告来看,彼里等人倡导的改革在各国得到了深入发展.函数概念,以解析几何作为基础的图解法,微积分等基本思想和内容已经在教材中站稳了脚跟,各国的数学教学内容基本趋向一致.国际数学教育的交流,极大地促进了数学教育事业的发展,数学在教育中取得了与其重要性基本相称的地位.19 世纪人们所指出的数学教育中的弊端,基本上被克服了.

回顾近代第一次数学教育改革,有一点是值得肯定的,就是数学教育必须紧密结合其他学科的发展,为其他学科的学习提供思想和方法.此外,F.克莱因、E.波莱尔等著名数学家的亲自参与也起了重要作用.

随着 1914 年第一次世界大战的爆发,"国际数学教育委员会"的工作停止了,数学教育改革暂告一段落.

6.2 新数学运动——又一次改革的尝试

近代数学教育改革后,不到 50 年,数学教育改革进入了一个新的高潮.一向为大众冷落的数学教育,居然会在 20 世纪六七十年代,在世界范围内引起人们的广泛关注,最终爆发了一场"数学革命""教育革命".这场革命就是影响极大的"新数学"运动.

"新数学"运动有着一定的政治背景和学术背景.

数学教育之所以会引起政治界的关注,是与人造卫星上天联系在一起的.1957 年 10 月 4 日,苏联发射了人类有史以来的第一颗人造地球卫星.这个无情的事实,极大地震撼了科技、经济居第一位的"世界霸主"美国朝野.美国人经过反反复复寻找原因,最后的结论是:教育落后于苏联,科技人才缺乏.其中一个突出的表现是美国大众数学教育落后,不仅落后于苏联,还落后于法国等许多国家,美国派往苏联考察的代表团发现,美国学生也不像苏联的学生那样喜欢数学.为此,1958 年,美国国会通过"国防教育法",拨巨款下决心改革教育,其中作为科学基础的数学教育是其重点.1961 年,美国数学教师全国委员会起草了一份文件:《学校数学的革命》,提出了进行数学教育改革的具体方案.

另一方面,数学教育本身也是出现"新数学"运动的重要原因.20世纪初曾经轰轰烈烈的数学教育改革运动,尽管取得了一定的成就,但是如何进一步搞好数学教育,始终是不少人十分关注的问题.同时,由于第一次世界大战,不少国家的数学教育甚至倒退了,第二次世界大战后,世界上许多国家都在探讨数学教育的新路子.

不仅如此,数学本身的发展也对数学教育提出了新的要求.19世纪、20 世纪的数学发展产生了一系列新的概念,如实数理论、集合理论以及各种代数结构等,以前没有严格基础的数学,在 19 世纪末、20世纪初都陆陆续续有了较严格的基础.数学知识在 20 世纪发展非常之快,出现了各种看待数学的新观点,所有这一切,都使数学家们认识到,有必要把现代数学思想渗透到中学数学教材中去.眼看着 20 世纪最新的物理学成就,如放射线、最新的原子理论、光谱学说、相对论、量子力学很快就为大众所了解(至少是知道有其事),数学的内容却还只停留在 17 世纪,对比之下,这就引起人们的思考.一些数学家认为,至少,20 世纪的数学思想应该让人们了解.

与此同时,科学的发展、社会的发展也对数学教育提出了更高的要求.电子计算机的出现引起了包括数学在内的科学的深刻变化,随着计算机大量进入社会,传统数学教育培养的学生能够适应吗?经济学以及大量的社会科学和其他学科都要求有数学知识,因此在现代,一个普通公民的数学水平,自然要求比过去高得多了.在这种情况下,懂计算机原理,懂微积分初步知识,掌握一定的统计学知识,等等,对一个普通的公民来说,要生活在现代社会里,这都是必须具备的.

在这种错综复杂的背景下,"新数学"运动在欧美展开了.

20 世纪 60 年代,是"新数学"运动风起云涌的时代.如果说 20 世纪初的数学教育改革有著名的数学家参加,算是有一定的规模,那么"新数学"运动真可说是一场声势浩大的运动.各种新教材和数学教学实验团体如雨后春笋,有的国家甚至就开展"新数学"运动颁布了专门的法律.政府的支持,财团的资助,使得少数反对意见很快失去了力量.在"新数学"的发源地美国,成立了有数学家、政府官员、实业家、教育学家(包括教师)、心理学家等多方面人士参加的学校数学研究小组 SMSG(School Mathematics Search Group).英国、法国等也组织了庞大的机构.

很快,出现了一大批新教材,其中以美国编的"新数学"教材为最多.我国曾翻译了其中的一套《统一的现代数学》,同时还翻译了配合这场运动的《新数学运动》.英、法、比利时等国也编写了多种革新教材.

"新数学"运动中编著的各种数学教材,与传统教材相比,有着本质的不同.这些教材号称有三"新":新内容、新体系、新处理.

新内容　这些教材新增的内容主要是:

(1)"初等"集合论:引入了集合运算符号 $\cup$、$\cap$、$\subset$ 等,以及集合之间的映射等概念.在新数学运动处于高潮时,从幼儿园到高中的数学教材中都出现了"集合"一词.

(2)代数概念的开展:介绍集合上的合成运算;利用布尔巴基学派的"结构"观点介绍向量空间、矩阵代数;引入群、环、域等抽象概念.

(3)较早地介绍微分、积分、导数和不定积分.

(4)介绍概率论、统计学基本知识,增加与电子计算机有关的算法语言.

新体系　尽管在第一次世界大战之前进行的数学教育改革中,中学数学中三角、代数、几何的分科被混合教材取代了.但第一次世界大战后,许多国家或没有来得及开展,或开展了的也倒退了,以致在 20 世纪 50 年代世界范围内都是分科数学."新数学"教材进行了更为彻底的改革.集合、函数、变换、结构等观念成了数学内容的线索,几何学代数化,三角、代数、几何的分科不复存在了.

新处理　在传统教材中,特别强调解题技巧,因而造成了这样的状况:一部分学生在解题技巧方面得心应手,因而十分爱好数学;而另一部分学生则总是把握不了这种技巧,因而视数学为最头疼的课程."新数学"教材则大大加强趣味性,强调直觉,不崇尚技巧,试图以此来改变不少学生视数学为畏途的局面."新数学"教材还一反传统的叙述法,用流向图解方程以训练思维能力,崇尚发现法,让学生自己去发现数学定理.

　　新编教材还对传统数学教材进行了大量删减.欧氏几何历来是数学教育改革中的焦点,这次更是如此.由于不崇尚技巧,因此大量的欧氏几何内容被砍掉了,特别是与三角形有关的几何学的"精巧"部分;此外,代数式的恒等变形、反三角函数、三角方程、二次不等式、无理数理论,等等,也都不同程度地进行了删减.

　　"新数学"运动开展以后,立刻在社会上引起了强烈反响.这种反响经历了一个相当长的时期.

　　开始,各种报刊、广播等新闻传播媒介把这场运动吹得神乎其神,把"新数学"宣传成是介于控制论与信息论之间的一门新的科学.在各种书籍、报告中,把"新数学"吹嘘为现代科学技术知识的精华,是所有未来科学发展的不可缺少的工具.认为"新数学"将数学现代知识、技术的最新进展融合起来,为数学在社会上的应用指出了一条可行的道路."新数学"一词,一时间成了西方教育中最富有诱惑力的名词,在民众中享有崇高的威望.

　　随着"新数学"运动的深入,"新数学"开始进入课堂、家庭.各地开始大量培训数学教师,数学教师不得不舍弃多年来已熟悉的教材,接受新教材以及其中的新概念、新符号、新思想.总的来说,教师们对新课程还是持热情欢迎的态度,认为改革总比不改革要好.概率统计、微积分初步应该让学生掌握,电子计算机也是学生将来走上工作岗位后必需的知识.但教师们却对削减平面几何等基础知识忧心忡忡,对以集合论取代传统基础训练持保留态度.

　　帮助孩子学习数学,历来是不少家长们的任务之一.但"新数学"闯入家庭生活后,许多父母却因再无力帮助上中学的子女而担忧.原因很简单,教师可以接受培训,而先于学生了解"新数学"中新增的内容,尽管教师自己接受的教育是老一套.但众多的学生家长却不可能进行这种知识更新.孩子们大量使用"集合""映射""一一对应""变换""转换语句""群""环""域"等词汇,而家长却再也难以看到自己中学时古老而熟悉的概念,对学生们使用的词汇感到茫然.大多数家长不禁感慨万千:不但我们与子女们在感情、价值观方面有着"代沟",在知识方面也存在着深深的"代沟"! 随着年龄的增长,家长们对自己学生时代的眷恋之情与日俱增,现在看到自己学生时代所熟悉的内容被抛弃了,因此部分地出于感情上的考虑,他们对"新数学"持一种偏执的阻挠态度.这也成了反对"新数学"运动的一股力量.

数学教育改革,虽然主要涉及的是中等数学教育,但历来都为许多数学家们关注.我们曾看到 F. 克莱因、E. 波莱尔等数学家热心地关注、参与近代数学教育改革.在这场"新数学"运动中,自然也卷入了不少数学家.不仅如此,在 20 世纪 70 年代初期,在数学家中还爆发了一场罕见的关于"新数学"的论战.那样大规模的数学论战,在数学教育史上、数学史上都是独特的.

这场论战之所以引人注目,除了论战的内容是当时教育界乃至整个社会的热点外,还有一个不容忽视的重要原因,参加论战的双方都是 20 世纪最著名的数学家.他们是:R. 托姆(R. Thom,1923—2002)和 J. A. 丢东涅(J. A. Dieudonné,1906—1992).

R. 托姆首先对整个"新数学"运动发难. R. 托姆早年以创立拓扑学的协边理论而为数学界瞩目,并于 1958 年 35 岁时一举荣获数学界最高奖——菲尔茨(Fields)奖;随后,他又创立了"突变理论".这样就使得他不仅在数学界闻名遐迩,而且在整个知识界都声名卓著. 1970年,他以法文发表《"新数学"是教育和哲学上的错误吗?》①一文,1971年美国《科学美国人》杂志又全文转载此文,逐渐引起了世人的关注.

J. A. 丢东涅是极大地影响 20 世纪数学发展的法国布尔巴基(Bourbaki)学派的领袖.他不仅研究领域极广,有大量著述,而且奠定了现代数学的结构主义思想,提出全部数学基于三种母结构:代数结构、序结构和拓扑结构.在一定程度上,可以说布尔巴基学派的思想是"新数学"运动的主导思想,R. 托姆也在文章中对布尔巴基学派指名进行了攻击.因此,作为布尔巴基学派领袖的丢东涅发起了对 R. 托姆的挑战,于 1973 年在《科学美国人》杂志上发表了《我们应该讲授"新数学"吗?》②一文,给出了回答.他们的争论,构成了这场论战的主要内容.

R. 托姆攻击"新数学"课程是"神经病".他们争论的焦点之一是

---

① 中文译文见《数学译林》,1980 年第 2 期,第 76-84 页.
② 中文译文见《数学译林》,1980 年第 3 期,第 92-97 页.

对欧氏几何的处理. R. 托姆认为,欧氏几何是把二维、三维空间的过程转述为书面语的第一个例子;几何介于日常语言和数学的形式语言之间是最自然的,或许是不可取代的中间媒介,因此几何思维可以说是人类理性活动的正常发展中不能省略的阶段.对于几何代数化的处理教材的方式,他是坚决反对的.他指出,目前以代数取代几何的趋势,对教育是有害的;只有几何的问题,在中等数学中从来没有代数的问题,因为在中等数学的范围内,代数问题只不过是机械地运用计算规则和已定型的形式程序的简单练习;而属于真正的代数学问题,它的解答几乎超越了最有天分的中学生的能力.也就是说,除了极个别的情况外,在中等数学范围内,所有的代数问题如果不是显然的,就是无法解答的.与此相反,欧氏几何却能为学生提供一系列难易程度不同的真正的问题.

对于欧氏几何在数学教育中存在的问题,R. 托姆也承认,几何问题需要很多时间,需要艰苦的努力、专心的思考和特殊的能力.欧氏几何与拉丁文一样,只是少数精英分子的既崇高而又陈腐的练习之一,与普及教育、普及数学的宗旨相悖.但是,他警告说,如果以为无须适当的启发,只需要通过大量的死记硬背代数结构来取代几何的学习,就会更容易学到数学,那无论如何都是一个可悲的错误,他建议恢复欧氏几何体系的教学.

对于新教材中大量增加的集合论,R. 托姆也持否定态度.他分析说,有些人断言,应用了集合论,就能使全部数学教学革新,并且由于这样的革新,连一个最平庸的学生都能掌握课程中的内容,这纯粹是幻想.课本中新增的初等集合论既不是数学,同样也不是逻辑学.一旦面对真正的数学(例如函数、几何),就会发现事情并不那么简单.“新数学”运动的倡导者乐观地认为,只要教会学生运用符号∃、⊂、∪、∩,就可以了解在一切推理、一切演绎背后的机制.这种乐观主义的想法根源于在哲学上对集合代数的错误认识. R. 托姆对于使用连词“或”(∪)之类的运算颇不以为然,认为集合论中出现的“2+2=4或雪是白的”之类的习题不但古怪和无用,而且做多了将会损害孩子们的智力平衡.正确思维的一个基本约束是避免不同语意场的混淆,而初等集合论却对这种语意场的混淆表现出极大的兴趣,在课本中充斥着玄虚与混乱，他给这种混淆冠之以"精神错乱".

R.托姆反对把推理化归为集合的运算，认为即使在理论数学里，也不能肯定所有的演绎都有一个集合论的模式.一方面，集合论在许多情况下是画蛇添足，他挖苦地说："如果母鸡关在鸡棚里，而鸡棚建在农场里，那么狐狸知道母鸡在农场里，它需要集合理论吗？"另一方面，集合论中还存在悖论，漫不经心地运用貌似简单的符号，将有可能陷入危险的深渊，因此要抗拒全盘的集合论化.

关于数学教学的目的，R.托姆认为，是向学生指出怎样把粗糙的、杂乱的时空意识逐步组织成一些逻辑结构.而一个以实用为目的的教学体系是不可能达到这种目的的，在实用的数学体系中，成绩的优劣是以对教材的记忆程度为标志的.所以，他强调，数学教材中必须包含一些"无用"的、带有"游戏"性质的内容才富有教育效果，在所有这样的"游戏"中，欧氏几何经常诉诸直觉的理解，它是最"无用"的，但同时却是最富有意义的.他坚持认为，在中学阶段，必须以培养基本能力、打下基础为数学教育的主要目标.

丢东涅很早就提出过"欧几里得滚蛋"的口号，引起了许多人的反感.布尔巴基学派内部已形成的不留情面争论的风格，使得丢东涅有些专横，爱好争论.对于R.托姆的责难，他很快做出了反应.丢东涅认为R.托姆的观点"狭隘".

对于"新数学"删减欧氏几何，丢东涅认为R.托姆误解了他的意图以及新教材的指导思想.他说，采用新的方式，重新处理欧氏几何，其目的并不是取消欧氏几何，而是取消从欧几里得以来传统的、陈腐的教学方式.

丢东涅认为，任何水平的数学教学的最终目的，是使学生对所学的内容有一个可靠的"直觉"，而要获得这种"直觉"，必须经历一个纯形式的、表面理解的时期，然后逐步将理解提高、深化.他说，颇为明显的是90%的学生，成年以后所需的任何数学知识不会超出初等数学.因此有充分的证据断言，除了预备从事科技工作的学生以外，15岁以上就无须再接受数学教育了.然而，由于很难判断这个年龄以下的学生未来的科学能力，因此学生们显然都应该接受一些适合他们成熟状况的科学知识和思想教育.正是出于这种考虑，给中等数学注入现代数学的知识、思想,而适当减少传统的欧氏几何就是十分必要的.他不相信传统的带有"游戏"性质的欧氏几何中具有技巧性的问题有多大的教育价值.他坚持认为,随着科技对人类事务压力的增加,我们即使承认在数学课程中有某些"游戏"的需要,也不能让未来的管理人员把他们宝贵的学生时期,大部分浪费在吸收用古老的办法来传授的无用知识上.

对于"新数学"运动的前景,丢东涅持乐观的态度.他满怀希望地预料,家长们因不了解子女的词汇而产生的苦恼,将会随着新一代的来临而消逝.如果中等数学教科书的编者们能够与专业数学家精诚合作,理顺中学与大学所涉及的学科之间的联系,那么总有一天会看到从幼儿园、大学到研究院的数学教育会得到充分合理的安排.数学教育将充分起到应起的作用.

数学家们进行这样激烈的争论,那么"新数学"运动开展的实际情况又如何呢?经过许多国家近 10 年的实践,人们发现,基础知识确实被严重削弱了,数学教育成绩不但没有上升,反而下降了,而且这种影响甚至波及了整整一代人,许多学生连基本的四则运算能力都不具备.不少权威组织进行的调查表明,R.托姆的指责是有道理的.学生的空间想象能力、逻辑思维能力与运算能力都明显下降了,而且各级各类学校的学生对数学的厌恶有增无减."新数学"运动的实际效果与当初人们的期望大相径庭.

西方社会曾经以极大的热情欢呼过"新数学"运动,但面对数学教育成绩的下降,社会舆论又开始对它进行激烈地谴责.社会抨击的主要内容是:

(1)学校数学教育应该面向全体学生,而不是培养数学家,因此现代数学的思维内容与方法对学生并不是最为重要的.

(2)抽象概念过早引入,学生接受不了.学生从小被灌输"集合""对应""基数"这些 19 世纪末、20 世纪初许多数学家都不能接受的东西,无异于揠苗助长.

(3)欧氏几何作为长期以来训练人类思维的最有效的数学内容,是中等数学的最基本的精华,它经受了历史的检验,大删大减而又找不到好的替代物,会极大地削弱数学的教育功能.

（4）计算机虽然重要，但并不是万能的，更不是人人都得利用的. 因此，二进制之类的东西不必人人都搞.

（5）忽视应用.“新数学”虽然强调实用性，但由于以布尔巴基学派的思想为指导，真正有实际应用的东西依然很少.

数学的最新成就的普及是十分困难的. 20 世纪 50 年代出现的 DNA 双螺旋结构，可以很快进入中学生物课本，但数学却不能这样. 社会上的人士呼吁：“不管过去五十年有多少数学成就，但中小学生们仍要学习算术、代数和几何.”人们抱怨说学生们不知道 $2+3=5$，却大谈什么 $2+3=3+2$. 学校教师也认为“新数学”运动是失败的. 1974 年美国组织的一次调查结果也认为，“新数学”运动编出的教材有许多缺陷，同时教师的培训工作也没有跟上. 西方报刊上一改呼吁“集合论”“二进制”，而开始提出“回到基础”（Back-to-the-Basics）的口号.

经过十多年的实验，“新数学”运动遭到了多方面的指责. 前些年，我们接待过一个美国中学教师代表团，他们都对当年的“新数学”持否定态度.“新数学”运动以失败而告终，这是比较一致的看法. 美国和加拿大的数学教师联合会，甚至号召会员不要使用“新数学”这一名称.

但仍有不少人坚持实验，他们相信现代化的潮流是阻挡不住的. 将来的结果究竟如何，人们正拭目以待.

可以肯定的是，与任何事物一样，数学教育不改革是没有出路的，关键是怎样改. 不可否认，今天的数学课本已与几十年前有很大差异，微积分、集合论等许多内容正在下放到中等数学，现代数学思想正在慢慢向中小学数学渗透.“路漫漫其修远兮”，“新数学”运动的失败，表明数学教育改革非常艰难. 作为教育重要组成部分的数学教育，其改革需要做出艰苦的、巨大的努力. 有人认为，“新数学”主要是那些在数学上贡献较小而又认为要把“数学教育提高到 20 世纪的水平”的数学家的一种尝试. 我们不赞同这种观点. 我们认为，“新数学”运动是意义深远的数学教育改革事件之一.

鉴于数学教育日益引起人们的关注，以及不少学者普遍感到国际数学家大会对数学教育问题关心不够，使一部分数学家、数学教育家决心举办专门的国际会议讨论数学教育. 在荷兰数学家汉斯·弗内登特（Hans Freudenthal，1905—1990）倡导下，经过多方努力，终于达成了举行国际数学教育会议(International Congress on Mathematical Education,简称 ICME)的共识."国际数学教育会议"被列为国际数学教育委员会(International Commission on Mathematical Instruction,简称 ICMI)组织的每四年一次的世界性会议.

第一届国际数学教育会议于 1969 年在法国里昂举行.中国第一次派代表团参加国际数学教育会议,是参加 1980 年在美国加利福尼亚大学(伯克利)举行的第四届.从此,中国与国际数学教育界的交流日趋活跃.在这次会议上,我国著名数学家华罗庚被邀请为四个大会报告人之一,他演讲的题目是"普及数学方法的若干经验".华罗庚在报告中回顾了多年来普及优选法等数学方法的实践和经验.这一报告是他多年来关心数学教育、热心普及数学风格的生动体现.

数学教育有许多问题亟待解决,人们期望国际数学教育会议在推动世界数学教育中发挥重要作用.

6.3　中国近现代数学教育——回顾与展望

中国近现代数学教育,开始于"西学东渐"——西方数学传入中国之时.1607 年,利马窦(Ricci Matteo,1552—1610)、徐光启(1562—1663)合译的西方数学名著《几何原本》前六卷在北京出版,从此西方数学开始输入中国.19 世纪中叶,西方传教士再度来华,带来了许多数学书籍,西方数学及数学教育在中国真正扎根了.

1857 年,李善兰(1811—1882)和伟烈亚力(A. Wylie,1815—1887)翻译的《几何原本》后九卷刊刻出版.这样,中国就有了第一部完整的《几何原本》译本,西方初等几何传入中国了.

1857 年,他们又译出英国德·摩根(A. De Morgan,1806—1871)的《代数学》(Elements of Algebra).同年,他们还译出了介绍解析几何和微积分的《代微积拾级》.在 19 世纪 70 年代,华衡芳(1833—1902)与英国传教士博兰雅(J. Fryer,1839—1928)通力合作,译出了代数、三角、微积分、概率论等方面的著作.

在翻译西方书籍的同时,1853 年伟烈亚力用中文写了一本《算学启蒙》,专门介绍西方数学,对西方数学传入中国,使中国接受现代数学起了积极的作用.

　　从 1842 年开始,西方传教士在中国创办教会学校,这些学校开设有数学课.《几何原本》(中译本)是我国数学教学正式采用的第一本西方几何教材.此外还开设有代数、三角、解析几何、微积分等课程.这样,我国出现了现代数学教育.

　　我国自办的现代新式学校,当以 1862 年创立的北京同文馆为最早.1865 年该馆扩充为高等学堂,1866 年增设"算学馆",1868 年李善兰被聘请为算学馆首任总教习.同文馆的学制为八年,从第四年开始学习数学.第四年开始学习《数理启蒙》《代数学》,第五年学《几何原本》《平面三角》《弧三角》,第六年学《微积分》《航海测算》.这种学制,沿用了近 30 年.这样,我国自己的现代数学教育也开始了.

　　我国现代数学教育刚开始时,人们就认识到了数学教育对富国强兵的重要性.1871 年,闽浙总督英桂、船政大臣沈葆桢在给同治皇帝的奏章中就指出:"水师之强弱,以炮船为宗;炮船之巧拙,以算学为本."因此,在 1880 年创办的天津北洋水师学堂、1885 年创办的天津武备学堂,以及同时创办的广东陆军学堂都非常重视数学教育.在这些军事院校,先后设有代数、几何、三角等数学课程.

　　1894 年中日甲午战争,为中国现代数学教育掀开了新的一页.甲午战争使中国朝野认识到了兴办学校的重要性.在由梁启超起草的《京师大学堂》章程中,规定普通学科学生必须学完"初等算学、格致学"①等内容.在清末于 1902 年、1903 年、1909 年对学堂学制的三次修订中,数学教学都占有重要的地位.

　　清末,我国出现了自编的数学教科书.如 1904 年上海商务印书馆编印了《数学教科书》等.这一时期,我国开始兴办的数学杂志也陆续问世了,1898 年,浙江创办了《算学报》,1900 年杜亚泉在上海出版《中外算报》.所有这些,都极大地促进了数学知识的普及与数学教育的发展.

　　辛亥革命(1911 年)以后,中国数学教育发生了巨大变化.1912 年蔡元培任教育总长,对教育制度进行了全面改革.1912 年教育部令第 28 号对中学数学教学详细地做出了规定:"数学要旨,在数量关系上,

---

①　"格致学"一般指自然科学,有时则指物理学.

熟悉计算,并使其思虑精确,教授时宜授以算术、代数、几何及三角法,女子中学可减去三角法."1912 年 9 月公布了"壬子学制"——"四、三、四学制",即初小四年、高小三年、中学四年.根据这一学制,商务印书馆聘请一批名家编写了"共和国教科书"和"民国教科书".

受美国教育思想的影响,我国在 1922 年又公布了"六、三、三新学制",即小学六年,初、高中各为三年,与美国完全相同.影响更深的是美国 20 世纪初开始的数学教育改革,以美国实行代数、几何、三角混合教学的思想为指导,我国也对数学教育进行了一定程度的改良.长期以来,现代数学教育一直采用分科教学的方式,1923 年 8 月中旬,在中华教育改进社第三届年会上,数学教学组以"免除学习困难,易于联络,节省时间,适于应用,增加兴趣"等理由,决定在初中数学教学中采用混合教学法.但这次改良不久就偃旗息鼓了.30 年代以后,代数、几何、三角依然采用分科教授形式.

20 至 40 年代,中学数学教科书的数量和质量都有较大的起色.商务印书馆、中华书局相互竞争,为中等学校师生提供了优秀的数学教材.他们聘请名家编写教材,例如请何鲁编代数学,陈建功编平面几何学,段子燮编解析几何,等等.有许多教材直到今天仍为人们所称道,如严济慈的《几何证题法》,1982 年再版时依然受到人们的欢迎.一些国外的译本如《范氏大代数》①(A College Algebra)等也在国内大受欢迎,今天也一版再版.不少数学家深情地说:"《范氏大代数》培养了好几代中国数学家."

这一时期,陆续出版了一批数学丛书,如商务印书馆的算学丛书、大学丛书、新中学文库,万有文库中也有许多数学著作,如《几何三大问题》《初等算学史》等.中华书局、开明书店等也出版过数学丛书.

高等数学教育,我国已在 20 世纪初就开始了.最早是 1913 年北京大学成立了数学门,1918 年改门为系,这是我国大学的第一个数学系.当时的校长蔡元培先生非常重视数学,强调学生必须具备全面的知识,而其中数学居于首要地位.他说:"大学宗旨,凡治哲学文学应用科学者,都要从纯粹科学入手,所以各系次序,列数学系为第一系."这

---

① 此书为美国数学家范(Henry Burchard Fine,1858—1928)所著.范曾担任美国普林斯顿大学数学系主任.普林斯顿大学数学系大楼今名为"范楼"(Fine Hall),以纪念范.

种传统一直保持到现在.接着北京师范大学也成立了数学系;1919 年姜立夫在天津筹建了南开大学数学系;1912 年熊庆来创办东南大学数学系,1926 年他创办了清华大学数学系,此后 1930 年又设立了清华大学数学院,成为我国第一个数学研究机构,造就了一些有世界声誉的数学家;陈建功等人在 1924 年创办武昌大学数学系.此后浙江大学、中山大学、上海大同大学也陆续设立了数学系.据 1934 年的教育年鉴,当时已有 21 所大学建立了数学系.

大约从 20 世纪 20 年代起,我国已能培养较高水平的数学人才.许多留学的数学家纷纷回国,为中国的高等数学教育注入了新的活力.他们中有第一个得到博士学位的中国数学家胡明复,他于 1917 年以数学研究获美国哈佛大学哲学博士学位.还有我国数学界老前辈江泽涵、苏步青等.在这一时期,涌现了许多数学教育家,他们中有傅种苏、何鲁、曾昭安等.

1935 年中国数学会的成立,标志着中国的数学事业发展具有了一定的水平,表明中国数学进入了现代科学的领域.促进数学教育事业成了中国数学会的任务之一.创办于 1936 年的普及性出版物《数学杂志》即为面向数学教育而设立的,随后,上海、北京、成都、广州都创办了数学教学方面的杂志.

数学教学法在当时也受到了人们的重视.1917 年北京大学数学系(当时为数学门)就有专门研究数学教授法的(胡濬济),20 世纪 40 年代商务印书馆还专门出版了中国人自编的数学教学法书籍.大学中还有人专门以研究数学教育作为毕业论文.

纵观 19 世纪中叶到 20 世纪 40 年代末,我国数学发展基本上是以数学教育、引进介绍西方现代数学先进成果为主要内容,也有不少数学家在国内外做出了一定的数学成就,这与当时的数学教育是密不可分的.数学知识的介绍、翻译,大学数学系、数学研究机构的建立,数学人才的培养,这些工作为中国数学的发展奠定了基础.

1949 年以后,我国的数学教育大体上经历了以下几个阶段.

(1)选用、改编比较通用的旧课本.由于相当长一段时期,沿用的基本上是欧、美、日数学教学体系,因此在 1949—1951 年仍沿用 1949 年以前的课本,如《范氏大代数》等.

（2）以苏联十年制学校数学教学大纲和课本为蓝本,制定数学教学大纲,编写课本.1952—1957年,中小学数学教学主要是学习苏联的教学方法.在高等数学教育方面,1952年开始院系调整,大规模地翻译苏联教材.许多课程直接采用苏联课本,在全国高等师范院校中,相继开设了《中学数学教材教法》.

（3）1958—1960年,教育部决定调整中小学数学的课程和内容,编写中小学数学暂用课本.调整的主要内容有:小学学完全部算术课程;高中增加平面解析几何.

（4）编写十年制中小学数学试用教材.1960年人民教育出版社拟编写一套教材,当时的方案是,用10年学完原用12年学完的数学教材——用5年学完原用7年学完的算术,用5年学完代数、几何、三角,当时的课本设立代数、几何两科.这套教材,从1961年开始一直被各地选用至1966年.

（5）1963—1966年.这一时期出现了新编的全日制十二年制中小学数学教材,提出了在小学阶段数学的内容包括算术和珠算.这套教材于1963年正式使用,在1963年颁布的数学教学大纲中,在我国数学教育史上,第一次全面提出了数学教学应该培养的"三大能力":培养学生正确而且迅速的计算能力、逻辑推理能力和空间想象能力.

这一时期,高等数学教育除了继续使用苏联教材外,北京、上海等地大学自编了一批适合中国学生特点的教材,这些教材有相当部分一直在为各地大学使用,此外也翻译、出版了一批欧、美数学教材.这一时期,我国自己培养的一批数学家脱颖而出,引起了世人关注.

1977年以后,我国的数学教育开始了一个新的发展时期.首先是重新编写全国通用的中小学数学教材.这时国际上已经经过了轰轰烈烈的"新数学"运动,许多国家在数学教育方面的成就得失,为我国提供了很好的经验.1980年人民教育出版社出版《小学数学》一至十册,《初中数学》一至六册,《高中数学》一至四册.这一套教材的特点是:精简传统的中学数学内容,主要是删去了平面几何的部分内容;增加微积分及概率统计、有关电子计算机的数学知识如逻辑代数等;把集合、对应等思想放入教材;把代数、几何、三角、微积分及新增内容综合成一门数学课.

　　1979 年 10 月和 1980 年 10 月，教育部先后召开了两次中小学数学教材改革座谈会，会上邀请了大中小学数学教师．大家对中小学数学教材本身的系统性、学生的接受能力、与其他教材的配合及教材的现代化问题，对混合编还是分科编（分代数、几何）提出了不同看法．同时，大学数学教师对中学讲授微积分、集合论持有不同看法，认为这些内容到大学之后还得从头来，而中学讲授这些内容时所采取的非严格方式，在一定程度上会妨碍学生在大学阶段的学习．小学与中学、中学与大学数学教学的连接性等问题，也引起了人们的关注．

　　从 1982 年开始，人民教育出版社又推出了全日制六年制重点中学数学教材，把初中数学教材一至六册按代数、几何两科分开，印成《初中代数》一至四册、《初中几何》一至二册；把高中数学教材也分开成代数、立体几何、解析几何、微积分初步等．同时，各地陆续编了不少试用教材．

　　与中小学数学教育全国基本上一致不一样，高等学校的数学教学则灵活得多．各地数学系在加强基础课教育的同时，新开了许多与现代数学发展密切相关的必修课、选修课，更有不少是直接瞄准尖端数学领域的课程．理工农医的数学课也得到了加强，社会科学的各学科与其他学科也根据需要，开设了一定水平的数学课．

　　在我国的教育事业中，数学教育还是一直处于比较受重视的地位，现代数学教育在一百多年的发展中，取得了一定的成就．但是，我们也不能不看到，我国数学教育存在的一系列问题．

　　首先是数学教材的编写．长期以来，我们采取的是"拿来主义"，先是欧美，后是苏联，这在当时的条件下是十分必要的．现在，我们有了独立编写教材的基础和能力，关键是如何进行教材编写．我们认为，改革是必需的，但是一定要持慎重态度．传统的、经过数代人积累下来的最基础的内容是数学教学的根本，像平面几何这些内容经过了历史的考验，是其他内容不可替代的．我们对盲目追求新的现代化数学教育，表示担忧．

　　其次是数学教育方法．令人十分担忧的是我国的跨学科人才极其缺乏．在我国，既懂数学，又懂另一门学科的人才较少．工科、理科非数学专业的大学数学课程所用的课本几十年一贯制，导致毕业生数学修养较差,工作后又很难再学更多的数学知识,造成了对科学技术发展不利的局面.社会科学及其他科学的数学教育就更不用说了.前面,我们曾论述了数学与自然科学、社会科学及其他科学发展的关系,为了培养跨学科的高水平人才,我们认为有必要重新审视现行其他学科的教学大纲,采取行之有效的措施,让数学在其中起到应有的作用.

对于我国现阶段数学及数学教育的现状,不少有识之士经过调查研究,提出了许多值得引起人们重视的问题①.队伍老化,数学人才的来源面临危机.要想改变这种现状,还需要下大力气,花相当长的时间.

尽管如此,我们还是认为中国数学、数学教育的现状应靠我们的努力去改变.虽然我们目前有一些值得称道的成就,但同世界先进水平相比,差距仍是巨大的.因此,应派人量的优秀青年去国外师从名家,为我国的数学研究注入活力.同时,我们应该加强数学教师队伍的建设,提高教学水平,只有这样,才能推动数学教育的发展.

6.4　全社会都来关心数学教育

数学教育在整个教育中具有十分重要而独特的地位,正如数学在整个科学体系中具有十分重要的特殊性一样.随着电子计算机在社会中的作用越来越大,数学教育也日益引起人们广泛的重视.因此,我们认为全社会都应来关心数学教育.

1984 年,美国公布了一个重要的政策报告:《加强美国的数学:未来的重要资源》(*Renewing U. S. Mathematics*:*Critical Resource for the Future*).这是由美国国家研究委员会(NRC)公布的.1986 年中文译本问世,中译本将报告名称译为《美国数学的现在和未来》②.在这个报告中,详细分析了许多重要的纯数学研究在实际中的应用,如数论在密码通信、偏微分方程在飞行器设计方面的应用,等等.该报告对美国数学发展与数学教育中的诸多问题提出了许多建议.后来这些建议都不同程度地得到了重视.

① 王启明,吴是静,严加安,朱幼兰:《关于数学科学研究的报告》,载《数学的实践与认识》,1988 年第 2 期,第 1-9 页,第 24 页.
② 周仲良,郭镜明译,谷超豪、俞文魮校,《美国数学的现在和未来》,复旦大学出版社,1986 年.

在学术界,这份报告被非正式的称为"David Ⅰ报告".在这份 David Ⅰ报告公布后,在美国社会引起了较大的反响,数学教育又成为学术界的课题.这是继"新数学"运动后,数学研究、数学教育再次受到人们的关注.不仅在美国,这份报告在国际学术界也产生了影响.许多政府还把这份报告作为制定科技政策的参考.

在 David Ⅰ报告中,提出了"数学技术"的概念.所谓数学技术是这样一门技术,首先能对一个实际问题用简洁的数学语言把它提炼成一个数学模型;然后把这个数学模型重新叙述成一个能够定量或定性求解的问题.加强数学技术的培养,成了近几年来数学教育的重要方面.

David Ⅰ报告,是社会重视数学教育的一个标志,因为在这份报告中,中心目的是引起全社会对数学教育的关注.报告指出:"多年来的经验证明,各级高质量的科学和数学教学,包括中学前、中学和大学的教学在内,是保持美国科学实力的关键因素①."我们认为,这是美国保持科技先进强国的原因.

为了不仅仅使全社会关心数学教育,数学研究仅仅停留在泛泛而论的层次上,世界各国都投入了一定的人力,认真研究,深入调查,制定了一系列的发展规划,这些都值得我们借鉴和吸收.更主要的,这种全社会真正关心数学教育的努力,更值得我们参考.

1989 年 1 月 26 日,在华盛顿由美国科学院和美国工程科学院联合举行的记者招待会上,发表了一份报告:"人人关心的事情——关于我国数学教育的未来的报告".这份报告是由美国国家研究委员会(NRC)赞助的两个下属委员会:数学科学教育委员会(MSEB)、数学科学委员会(BMS),以及这两个委员会的联合活动小组——2000 年的数学科学委员会,经过三年联合调查、分析、研究后提出来的.这是一份关于美国数学教育的重要的权威性报告,该报告对数学教育中的问题和挑战作了极有说服力的分析,它把从幼儿园直到研究生的数学教育当作一个整体来进行研究,不仅力主改革,而且为今后 20 年数学教育的改革制定了大胆的计划.

---

① 《美国数学的现在和未来》,第 51 页.

数学教育的未来,被认为是人人关心的事情,这个报告的题目指出了数学教育与国家前途、社会进步的关系.在"人人关心的事情——关于我国数学教育的未来的报告"中,美国人指出:"既为了国际竞争,也为了保持对科学的领导地位,美国必须很快行动起来改进数学教育的现状.为完成一个人的数学教育,需要整整一代的时间.21世纪第一批中学毕业生正是1988年进入小学的学生.我们再也不能坐视不管了,否则,当我们的孩子从中学毕业时将不具备21世纪所需要的数学准备."美国人呼吁:"挑战是十分清楚的.选择摆在我们面前.现在是行动的时候了!"

全社会的确应该为改进数学教育行动起来.21世纪的数学教育应该从现在就开始考虑了.

这份关于数学教育的名为"人人关心的事情"的报告,引起了人们的注意.1990年1月31日,美国总统乔治·布什在向国会提出的1989—1990年度的国情咨文中,在宣布美国的教育目标时指出:"到2000年,美国学生的数学和自然科学学习成绩必须是全世界最佳的."布什总统的这段话,表明美国政府对加强数学与自然科学教育的高度重视,值得引起世界各国政府、政策制定部门与决策者的注意.

1990年5月1日,美国国家研究会(NRC)代表美国数学科学界公布了又一个重要的政策报告:《加强美国的数学:20世纪90年代的计划》(*Renewing U. S. Mathematics*: *A Plan for the* 1990s).这是1984年报告的继续,因此被人非正式的称为David Ⅱ报告.这份报告就数学研究、数学教育提出了许多问题.其中有"加强"的问题,这主要涉及从20世纪90年代开始,在学术部门将有可能出现数学家的短缺;数学研究资助不够的问题,主要是指出政府对数学的资助与对其他学科及工程技术的资助很不平衡.该报告强调了数学教育的重要性,详尽地论述了计算机在数学中的重要性,同时还提出了各种建设性的意见.

David Ⅱ报告指出,20世纪90年代在数学发展史上将是一个不平常的时期,同时出现在数学内部的统一要求与趋势,以及对外部应用的日益认识,把数学带到了一个将有可能对世界产生巨大影响的时代.这使得英国著名数学家、哲学家怀特海(A. N. Whitehead,1861—

1947)在 1939 年曾做过的预测重新引起人们的注意,他说:"鉴于供数学研究的范围的无限广阔,数学,即便是现代数学,也还是处于婴儿时期.如果文明继续进步,在今后两千年内,在人类思想领域里具有压倒性的新的情况,将是数学地理解问题占统治地位①."

在 David Ⅱ 报告中,有一个附录列举了数学科学的研究成就,同时概述这些成就所开辟的前景与机会.在这个名为"最新的研究成就和有关的机会"的附录中,开出了包括 27 个方面的课题单子.报告指出,这个单子只是选择了一些例子,既不企求全面,更不想使之成为将来数学研究或资助数学研究的议定项目.只是想通过这些例子来说明当前数学研究的活力和丰富的内容,并以此来说明数学是如何日益涉足科技领域的,以期引起人们对数学研究及教育的重视.这 27 个课题是:

(1)偏微分方程方面的新进展.

(2)流体流动中的涡团.

(3)飞行器设计.

(4)生理学.

(5)医疗扫描技术.

(6)大范围变化.

(7)混沌动力学.

(8)小波分析.

(9)数论.

(10)拓扑学.

(11)辛几何.

(12)非交换几何.

(13)作为一种数学工具的计算机显示.

(14)李代数和相变.

(15)弦理论.

(16)相互作用的质点系.

(17)空间统计学.

---

① A.N.怀特海,《数学与善》,载《数学与文化》(邓东皋,孙小礼,张祖贵编)第 11 页.译文参考了胡世华的《信息时代的数学》中的引文(《数学与文化》第 269-270 页),北京大学出版社,1990 年.

(18)质量和生产率的统计学.

(19)图子式(Graph minors).

(20)数理经济学.

(21)平行算法和体系结构.

(22)随机化算法.

(23)快速多极算法.

(24)线性规划的内点算法.

(25)随机线性规划.

(26)统计学在 DNA(脱氧核糖核酸)结构中的应用.

(27)生物统计与流行病学.

数学教育也是 David Ⅱ 报告的核心问题之一,报告指出,高技术的出现把我们的社会推进到数学技术的新时代,因此现在义化先进的国家不仅是扫盲的问题而是同时要扫数学盲的问题,这样,数学教育成了一个社会问题.

1988 年 8 月 20—24 日,中国数学家 200 余人聚集天津南开数学研究所,举行了"21 世纪中国数学展望学术讨论会",会上数学家们就在中国发展数学提出了许多建议.著名数学家陈省身教授认为,"中国数学发展大有希望,只要大家努力,路子对头,数学科学完全可以率先赶上世界先进水平.""率先赶上"成了这次会议的主旋律.为此,大家对如何促进数学教育也提出了许多建议;政府官员也许诺要从软设备(政策)和硬设备(经费)两方面予以支持.

1989 年 8 月,中国数学会在北京召开了数学教育与科研座谈会,社会各界人士(主要是科技界)从不同方面谈到了加强数学教育的重要性,并且提出了许多好的建议.1989 年底,陈省身等人在广东又专门开会讨论了搞好中国数学教育的问题.

中国中学生从 1989 年开始多次获得国际数学奥林匹克(IMO)总分第一,给了我们极大的鼓舞,也引起政府与社会对数学教育的重视.这也向世人昭示了中国青年一代的巨大潜力.但全社会对数学教育的认识以及支持,仍有大量的工作要做,为此我们不可盲目乐观.

在现今科学技术发展日新月异的时代,扫除"数学盲"的任务应成为当今教育的重要目标.事实上,科学日益"数学化",数学水平的高低,是一个民族科学技术水平的标志.充分认识数学的重要性,大力加强数学教育,我们认为,这不仅仅只是数学界、科学界、教育界的任务,而且是政府部门乃至全社会的当务之急.

在中国数学会成立五十周年年会上,苏步青教授兴奋地说:"展望将来,我们将在数学教学方面取得更大的成绩,逐步建设好以国内为主的、培养高级人才的中心,以造就新一代的青年数学家,并为各种科教部门提供良好的数学教育."时代向我们提出了这样的要求,19世纪中叶的中国人尚有人知道"炮船之巧拙,以算学为本",21世纪就必将是一个更需要数学的世纪.历史向我们提出了这样的要求,中国希望成为"21世纪的数学大国",这是历史发展向我们提出的要求.当然,要达到这个目标,任务是艰巨的,前进道路上的困难不能低估.我们相信,中国人民是有志气的,也是有才能的,经过几代人的努力,中国的数学一定会随着中国社会的发展而大放光彩.

青年们,让我们努力吧!

结束语

《数学与教育》这本书终于写完了.

虽然在写作过程中,我们花了不少气力,反复进行讨论,弄清楚了一些问题.但是,随着我们对问题的认识逐步深入,我们愈来愈觉得在"数学与教育"这个大题目下还有更多的问题有待于认真的探讨.因此,作为结束语,首先我们想指出的是,书的完成并不意味着这个问题得到了圆满的答复;相反地,书的完成只是标志着这个问题的讨论仅仅有了一个开始,大量的工作还在后面.

数学与教育这个问题包含着数学教育的问题.数学教育的问题经常被人们注意到,而且从不同的角度有大量的讨论.这当然是必要的,也是重要的.不过,如果把数学教育与其他学科的教育,如物理教育、化学教育、生物教育等相提并论,我们认为是不够的.

今天,数学的重要性还没有得到足够的认识.在科学分类中,大多数学者主张数学既不是自然科学,也不是社会科学,而是独立于这些具体的科学分支之外的一门学问.这一点是由数学研究对象的特殊性、研究方法的特殊性决定的.正是数学在整个科学体系中的特殊性,决定了它在教育中的特殊地位.

本书固然花了不少篇幅来讨论数学教育的发展与变化.不过读者不难发现,我们主要想说明的是数学对于教育的特殊重要性.数学作为教育的一部分,不仅仅是传授知识,更重要的是培养一种分析问题与解决问题的思想方法与能力.甚至更广泛一点说,数学在某种程度、某种意义上影响学生的素质.因此,我们坚持认为,数学是人类文明的一部分. 正是在这个认识的基础上,我们来说明数学与教育的关系,并进而阐明数学所具有的一系列作用.

由于数学与教育这个问题涉及的方面太多,而我们的水平又有限,本书所达到的目的不过是提出了不少问题,或者说是接触到了很多问题,根本谈不上回答、说明了问题. 如果读者在看完本书之后,对我们谈到的一些问题产生了兴趣,并且有兴趣作进一步的研究,或者有兴趣来反驳书中提出的某些论点,那么就表明我们的工作没有白做,我们会因此而感到高兴.

人名中外文对照表

B. 罗素/B. Russell

D. E. 史密斯/David Eugene
　　Smith

E. T. 比尔/E. T. Bell

E. 波莱尔/E. Borel

F. 克莱因/F. Klein

F. 莫斯蒂勒/F. Mosteler

F. 培根/F. Bacon

G. T. 费希纳/G. T. Fechner

G. 波利亚/G. Pòlya

J. A. 丢东涅/
　　J. A. Dieudonné

J. 傅里叶/J. Fourier

L. L. 瑟斯顿/
　　L. L. Tharstone

M. V. 劳厄/M. V. Laue

R. R. 布什/R. R. Buch

R. 托姆/R. Thom

W. K. 埃斯蒂斯/
　　W. K. Estes

阿贝尔/N. Abel

阿尔福·马歇尔/
　　Alfred Marshall

阿基米德/Archimedes

阿开塔斯/Archytas

阿曼德·波雷耳/
　　Armand Borel

阿诺德/Арнолⅴд

阿佩尔/K. Appel

艾索克拉底/Isocrates

爱奥尼亚/Ionia

爱利亚/Elea

爱因斯坦/A. Einstein

奥古斯都/Augustus

奥卡姆/William Occam

巴帕/Papent

巴瑞托/V. Pareto

柏拉图/Plato

鲍耶/J. Bolyai

贝尔特拉米/E. Beltrami

彼里/John Perry

毕达哥拉斯/Pythagoras

毕达哥拉斯-柏拉图/
　　Pythagoras-Plato

波波夫/A. С. Попов

勃瑞斯劳/Breslau

布尔巴基/Bourbaki

布里亚柯夫斯基/
　　В. Я. Вуняковский

布龙菲尔德/L. Bloomfield

达·芬奇/Da Vinci

达朗贝尔/D'Alembert

德·摩根/A. De Morgan

狄奥多/Theodore

狄拉克/P. A. M. Dirac

笛卡儿/R. Descartes

菲力普·格里菲斯/
　　Phillip A. Griffiths

冯·诺伊曼/J. von Neumann

弗·高尔顿/F. Galton

弗尔斯特/A. R. Forrest

弗瑞希/R. Frisch

傅兰雅/J. Fryer

伽利略/G. Galileo

伽罗瓦/E. Galois

高斯/C. F. Gauss

哥白尼/N. Copernicus

哥德尔/Gödel

格罗登迪克/Alexandre
　　Grothendieck

格思里/F. Guthrie

古尔特内/B. D. Courtenay

古诺/A. Cournot

哈代/G. H. Hardy

哈肯/W. Haken

哈雷/E. Halley

哈密顿/W. R. Hamilton

海森堡/W. K. Heisenberg

汉斯·弗内登特/
　　Hans Freudenthal

赫胥黎/T. H. Huxley

赫兹/R. Herts

亨利·斐尔/Henri Fehr

怀特海/A. N. Whitehead

霍尔维茨/A. Hurwitz

吉布斯/Gibbs

杰文斯/W. S. Jevons

数学高端科普出版书目

数学家思想文库	
书　名	作　者
创造自主的数学研究	华罗庚著;李文林编订
做好的数学	陈省身著;张奠宙,王善平编
埃尔朗根纲领——关于现代几何学研究的比较考察	[德]F.克莱因著;何绍庚,郭书春译
我是怎么成为数学家的	[俄]柯尔莫戈洛夫著;姚芳,刘岩瑜,吴帆编译
诗魂数学家的沉思——赫尔曼·外尔论数学文化	[德]赫尔曼·外尔著;袁向东等编译
数学问题——希尔伯特在1900年国际数学家大会上的演讲	[德]D.希尔伯特著;李文林,袁向东编译
数学在科学和社会中的作用	[美]冯·诺伊曼著;程钊,王丽霞,杨静编译
一个数学家的辩白	[英]G.H.哈代著;李文林,戴宗铎,高嵘编译
数学的统一性——阿蒂亚的数学观	[英]M.F.阿蒂亚著;袁向东等编译
数学的建筑	[法]布尔巴基著;胡作玄编译
数学科学文化理念传播丛书·第一辑	
书　名	作　者
数学的本性	[美]莫里兹编著;朱剑英编译
无穷的玩艺——数学的探索与旅行	[匈]罗兹·佩特著;朱梧槚,袁相碗,郑毓信译
康托尔的无穷的数学和哲学	[美]周·道本著;郑毓信,刘晓力编译
数学领域中的发明心理学	[法]阿达玛著;陈植荫,肖奚安译
混沌与均衡纵横谈	梁美灵,王则柯著
数学方法溯源	欧阳绛著
数学中的美学方法	徐本顺,殷启正著
中国古代数学思想	孙宏安著
数学证明是怎样的一项数学活动?	萧文强著
数学中的矛盾转换法	徐利治,郑毓信著
数学与智力游戏	倪进,朱明书著
化归与归纳·类比·联想	史久一,朱梧槚著

数学科学文化理念传播丛书·第二辑	
书　名	作　者
数学与教育	丁石孙,张祖贵著
数学与文化	齐民友著
数学与思维	徐利治,王前著
数学与经济	史树中著
数学与创造	张楚廷著
数学与哲学	张景中著
数学与社会	胡作玄著

走向数学丛书	
书　名	作　者
有限域及其应用	冯克勤,廖群英著
凸性	史树中著
同伦方法纵横谈	王则柯著
绳圈的数学	姜伯驹著
拉姆塞理论——入门和故事	李乔,李雨生著
复数、复函数及其应用	张顺燕著
数学模型选谈	华罗庚,王元著
极小曲面	陈维桓著
波利亚计数定理	萧文强著
椭圆曲线	颜松远著